人工智能与机器人系列

Springer

变分法在深度学习中的应用

Variational Methods for Machine Learning with Applications to Deep Networks

[巴西] 卢卡斯·P.奇内利（Lucas P. Cinelli）
马瑟斯·A.马尔尼斯（Matheus A. Marins）
爱德华多·A.B.达席尔瓦（Eduardo A. B. da Silva）
塞尔吉奥·L.内托（Sérgio L. Netto） 著

王小飞 王元鑫 韩 旭 袁 涛 徐风磊 译

西安交通大学出版社
XI'AN JIAOTONG UNIVERSITY PRESS

First published in English under the title
Variational Methods for Machine Learning with Applications to Deep Networks by Lucas Pinheiro Cinelli, Matheus Araújo Marins, Eduardo Antônio Barros da Silva and Sérgio Lima Netto.

图书在版编目(CIP)数据

变分法在深度学习中的应用 / (巴西)卢卡斯·P. 奇内利等著；王小飞等译. --西安：西安交通大学出版社，2025.9. --(人工智能与机器人系列). -- ISBN 978-7-5693-4115-7

Ⅰ. TP181

中国国家版本馆 CIP 数据核字第 20258HV431 号

书　　名	变分法在深度学习中的应用 BIANFENFA ZAI SHENDUXUEXI ZHONG DE YINGYONG
著　　者	[巴西]卢卡斯·P. 奇内利　马瑟斯·A. 马尔尼斯 爱德华多·A. B. 达席尔瓦　塞尔吉奥·L. 内托
译　　者	王小飞　王元鑫　韩　旭　袁　涛　徐风磊
责任编辑	李　颖
责任校对	王　娜
封面设计	任加盟

出版发行	西安交通大学出版社 (西安市兴庆南路 1 号　邮政编码 710048)
网　　址	http://www.xjtupress.com
电　　话	(029)82668357　82667874(市场营销中心) (029)82668315(总编办)
传　　真	(029)82668280
印　　刷	西安五星印刷有限公司

开　　本	720 mm×1000 mm　1/16　**印张** 11　**字数** 198 千字
版次印次	2025 年 9 月第 1 版　2025 年 9 月第 1 次印刷
书　　号	ISBN 978-7-5693-4115-7
定　　价	99.00 元

如发现印装质量问题，请与本社市场营销中心联系。
订购热线：(029)82665248　(029)85667874
投稿热线：(029)82665397
读者信箱：banquan1809@126.com

序　言

这本书的写作初衷源于第一作者对不确定性产生的浓厚兴趣，他认为这种思维方式是人类认知的自然组成部分。对行为学的研究证实，人脑可以像最优贝叶斯推断那样，轻松高效地整合来自多个感官的不同信息并做出准确决策。然而，尽管现代深度学习方法在解决很多问题时都达到了人类的水平，但是容易出现过拟合的情况，并且缺乏对不确定性的定量估计。贝叶斯理论以其优雅的数学形式，为同时解决这两个问题提供了理论基础和方法指引。

尽管贝叶斯机器学习（machine learning，ML）和近似推断的研究范围十分宽泛，也诞生了很多著作，但本书自成体系地聚焦于现代变分法在贝叶斯神经网络（Bayesian neural network，BNN）中的具体应用。在这一领域，研究的进展速度令人难以置信，而且其中的许多算法都可以通过贝叶斯理论来解释。本书侧重于介绍较为实用的贝叶斯神经网络算法，它们要么比较容易理解，要么训练速度很快。此外，本书还将讨论变分法在生成模型中的典型应用。

阅读本书需要掌握一定的机器学习和现代神经网络（neural network，NN）的基础知识，而具备微积分、线性代数和概率论的基础知识是理解书中概念和公式推导的充分必要条件。本书尽可能地避免了矩阵推导，因为理解书中现有内容本来就很有挑战性，若额外增加难度可能会造成不必要的阅读障碍。此外，本书假设读者并不熟悉统计推断理论，因而在书中对相关概念进行了必要的解释。

目前，机器学习领域的入门教材或聚焦于现代神经网络，或侧重于通用贝叶斯方法在机器学习中的应用，但尚无系统性著作能将二者同步整合。相关文章大多是一些分散的博客文章和介绍性论文，只有尼尔（Neal）在 1996 年完成的博士论文对此研究相对深入，但该文献未涉及现代变分近似问题。从理论上讲，在当前条件下，即使掌握了神经网络的相关知识，要想直接理解贝叶斯神经网络也是非常困难的，因为读者只能先去学习贝叶斯方法，或者自己斟酌到底该学习什么算法，前者耗时费力，后者则易陷入选择困境。

本书致力于帮助读者实现从神经网络到贝叶斯神经网络的跨越，使其掌握相应的基础知识，并理解贝叶斯方法的理论背景。

在介绍任何主流的机器学习技术之前，第 2 章首先介绍了一些当今学生普遍缺乏的统计学知识，包括模型的本质定义、信息的度量方式、贝叶斯方法的思想内涵，以及统计推断的两大基石——参数估计与假设检验。即使熟悉这些内容的读者也可以从中受益，并掌握本书的符号定义。

第 3 章首先介绍了基于模型的机器学习（model based machine learning，MBML）的基本要素，即 MBML 的定义和主要实现技术，包括贝叶斯推断、图模型及最新的概率编程等。随后，解释了近似推断并引入了确定性分布的近似方法，主要包括变分贝叶斯、假定密度滤波和期望传播三大经典方法，并介绍了它们的推导过程、优缺点和现代拓展方向。

第 4 章首先介绍了贝叶斯神经网络的定义和优点。然后详细研究了该领域最流行的 4 种算法：反向传播贝叶斯、概率反向传播、蒙特卡罗丢弃和变分自适应矩估计，涵盖了它们的推导过程和优缺点。最后，对比分析了这 4 种算法在一维和多维样本数据集上的应用效果。

第 5 章重点介绍了变分自编码器（variational autoencoder，VAE）这个著名的深度生成模型，它可以对观测数据的生成过程进行建模，这使得我们能够模拟新的数据，创建通用模型，掌握其潜在的生成因素，并在近乎无监督或无监督的情况下进行学习。随后，结合一个简单的例子构建了基础的变分自编码器，阐述了其缺点和拓展形式，包括条件 VAE、β-VAE 等。最后，我们在两个图像数据集上对变分自编码器进行了大量的实验，并展示了应用变分自编码器进行半监督学习的示例。

借此机会感谢给予本书支持的教授和同事们，特别感谢莱昂纳多·努涅斯（Leonardo Nunes）博士和路易斯·阿尔弗雷多·德卡瓦略（Luis Alfredo de Carvalho）教授，是他们最早提出了本书的核心理论。我们同样深怀感激，感谢那些在这一充满挑战性和趣味性的出版过程中始终陪伴着我们的亲朋好友。

目　录

第 1 章 导 言

1.1 历史背景

在过去二十年里，贝叶斯方法在机器学习中变得不再那么热门，不受欢迎的主要原因在于其复杂的数学原理，这使得初学者难以理解和掌握贝叶斯方法，而且计算过程中沉重的计算负担也令人望而却步。相反，依赖于自助抽样算法和点估计的经典方法为测量不确定性和评估假设提供了便利的替代方案[1]。因此，贝叶斯方法的使用范围仍然主要局限于（贝叶斯）统计学家和少数其他研究人员，这些研究人员要么从事相关领域的工作，要么受限于数据量较少的情况。 P. 1①

例如，马尔可夫链蒙特卡罗（Markov chain Monte Carlo，MCMC）算法是强大的贝叶斯工具。在某个建模问题中，如果给予足够的时间，它们能够收敛到模型的真实分布。然而，这通常意味着等待的时间比人们期望的时间要长，尽管许多现代算法降低了等待时间，但效果依旧不理想[2]。MCMC 算法在理论上具有渐近精确性，但是计算成本昂贵，并且随着问题的维度增加，其影响会愈发显著。传统的贝叶斯方法在处理海量或者高维的数据时扩展性不佳，这种情况在大数据时代变得越来越普遍[3]。

一种乐观的观点认为，在样本数量趋于无限的极限情况下，贝叶斯估计会收敛于最大似然估计点，大量的数据将弥补不确定性及其估计的不足。虽然这种观点在理论上是正确的，但在实际应用中样本数量远未达到极限状态。正如我们将在 2.4.1 节中讨论的，“大数据集”与“统计学意义上的大数据集”存在本质区别。一个 28×28 的二值图像有 784 个维度，而 2^{784} 约等于 10^{236} 种不同排列，这远远超过

① 边码为英文原书页码，供索引使用。——编者注

了可观测宇宙中估计的原子总数(约 10^{80})[4]。即便在如此简单的情况下,要达到统计学意义上的大数据标准,就意味着需要近乎无限数量的样本,而这在实际操作中是不可能实现的。自然地,人们通常假设存在潜在的低维结构来解释观测结果。本书在第 2 章中正式提出这个观点,并在第 5 章中介绍了一种包含这个假设的算法。

P. 2 与概率论观点区别最大的方法是标准的深度学习(deep learning,DL)。它由非常庞大的参数模型组成,在少数的理想情况下,通过训练大量的数据来拟合一个未知函数。在借助并行计算技术、先进的硬件和庞大的数据库的条件下,所得的计算结果良好。近十年来,这种新的表征学习技术在语音识别[5]和计算机视觉[6]等领域取得了突出的成果。因此,深度学习成为一个热门方向,不仅吸引了大量开发者投身其中,同时受到媒体密切关注。

深度学习所发挥的良好效果使得概率建模和推断等方法的地位下滑。然而,可靠的置信度估计对许多领域至关重要,比如医疗保健和金融市场,标准的深度学习还无法充分满足这些领域的需求。此外,深度学习需要大量的数据,如果数据不可用时,就会导致模型可能过拟合,泛化效果很差。相反,贝叶斯方法虽然在小样本数据的情况下不能避免过拟合,但实际表现效果具有鲁棒性。

最近,研究人员发现,许多机器学习模型包括具有良好测试集性能的深度神经网络(deep neural network,DNN),都被对抗样本欺骗了[7]。这些样本图像看上去正常,但事实上被人为篡改了,尽管模型有极高的置信度,但样本图片始终被错误分类。此外,文献[7]描述了一种系统地创建对抗性样本的方法。幸运的是,估计不确定性的方法能够检测到对抗性样本,并且其应用领域比机器学习模型更加广泛。

概率模型还非常适合用于半监督学习和无监督学习,使我们可以利用无标签样本的性能。此外,我们还可以采用主动学习,即系统提示让人工对系统最不确定的样本进行标注,从而最大化信息增益,最小化人工标注工作量。

一般来说,贝叶斯框架为构建概率模型、不确定性下的推断、做出预测、检测意外事件和模拟新数据提供了一种原则性方法。它作为数学工具可以进行模型拟合、比较和预测,更重要的是,它构成了系统化的问题解决方式。

由于贝叶斯方法的计算成本高得令人望而却步,因此研究者更加关注于找到一种在合理的时间内实现所需性能的算法。从技术上讲,MCMC 就是这样一类算法,但其基于采样的运算过程收敛速度较慢。本书讨论的变分法并非依赖于确定性逼近,比抽样方法快得多,因此非常适合于大数据集,并能快速建立诸多模型[8]。追求运算速度的代价就是性能效果可能略逊一筹,MCMC 算法适用于有大量数据可用的场景来弥补其缺点，否则就不可能适用。在过去的十年中，对贝叶斯机器学习中的变分法的研究再度出现并呈上升趋势[9]。2014 年以来，传统深度学习方法在一些关键模型中表现得不尽如人意甚至失效[10-12]，助推了人们对该领域的兴趣呈指数级增长。如今，主流的机器学习会议上不仅设立了有关变分贝叶斯机器学习的专题研讨，许多论文被主流观点所接受，同时在统计、人工智能和不确定性估计等领域，关于变分法的重要性、关注度和论文数量都在显著提高。 P.3

1.2　符号说明

约定以下数学元素的符号：

标量：a、σ

向量：$\boldsymbol{a}$、$\boldsymbol{\sigma}$

矩阵：$\boldsymbol{A}$、$\boldsymbol{B}$

集合：$\mathcal{A}$、Σ

本书用小写符号 p 表示概率密度函数（probability density function，PDF）和离散概率分布，这样有利于简化符号。本书将根据上下文确定随机变量是连续的还是离散的，然而本书几乎不存在离散随机变量，尤其在第 4 章，其算法依赖于连续函数和变量。此外，本书总是用大写字母表示随机变量累积分布函数（cumulative distribution function，CDF），例如 $F(X)=P(X\leqslant x)$。

我们将分布 p 的参数族$\mathcal{P}$写成 $p(\cdot;\boldsymbol{\theta})$，用 $\boldsymbol{\theta}$ 表示族成员的参数集。例如，对于高斯随机变量 Z，其概率密度函数服从 $N(z;\mu,\sigma^2)$，其中 μ 为平均值，σ^2 为方差。如果参数是随机变量，我们可以将条件分布写成 $p(\cdot\mid\boldsymbol{\Theta})$，由于我们进行了贝叶斯分析，这两种符号虽然不同，但非常相似。

当变分参数和模型参数指示意义不同时，尽可能分别写作 $\boldsymbol{\psi}$ 和 $\boldsymbol{\theta}$；如当两者均指向同一实体时，都写作 $\boldsymbol{\theta}$。在把参数看作随机变量的情况下，用大写字母的黑斜体表示，即分别为 $\boldsymbol{\Psi}$ 和 $\boldsymbol{\Theta}$。类似地，隐单元或更一般的潜变量表示为 $\boldsymbol{Z}$。

对集合求导表示对集合中的每个元素求导。例如，设 f 是一个包含参数 $\boldsymbol{\theta}=[\theta_1,\theta_2]^{\mathrm{T}}$ 的函数，可得

$$\frac{\partial f(\boldsymbol{\theta})}{\partial\boldsymbol{\theta}}=\begin{bmatrix}\dfrac{\partial f(\theta_1,\theta_2)}{\partial\theta_1}\\[2ex]\dfrac{\partial f(\theta_1,\theta_2)}{\partial\theta_2}\end{bmatrix}$$

参考文献

P. 4 [1]Murphy K P. Machine Learning: a probabilistic perspective[M]. Cambridge: MIT Press, 2012.

[2]Homan M D, Gelman A. The No-U-Turn sampler: adaptively setting path lengths in Hamiltonian Monte Carlo[J]. J Mach Learn Res, 2014, 15(1): 1593-1623.

[3]Chen M, Mao S, Liu Y. Big data: a survey[J]. Mobile Netw Appl, 2014, 19(2): 171-209.

[4]Planck Collaboration. Planck 2015 results. XIII. Cosmological parameters[J]. Astron Astrophys, 2016, 594: A13. arXiv:1502.01589.

[5]Hinton G, Deng L, Yu D, et al. Deep neural networks for acoustic modeling in speech recognition: the shared views of four research groups[J]. Sign Process Mag, 2012, 29(6): 82-97.

[6]Krizhevsky A, Sutskever I, Hinton G E. ImageNet classification with deep convolutional neural networks[C]. Lake Tahoe: Advances in neural information processing systems, 2012: 1097-1105.

[7]Goodfellow I J, Shlens J, Szegedy C. Explaining and harnessing adversarial examples[C]. San Diego: Proceedings of the international conference on learning representations, 2015.

[8]Blei D M, Kucukelbir A, McAuliffe J D. Variational inference: a review for statisticians[J]. J Am Stat Assoc, 2017, 112(518): 859-877.

[9]Graves A. Practical variational inference for neural networks[C]. Granada: Advances in neural information processing systems, 2011: 2348-2356.

[10]Kingma D P, Welling M. Auto-encoding variational Bayes[C]. Banff: Proceedings of the international conference on learning representations, 2014.

[11]Ranganath R, Gerrish S, Blei D. Black box variational inference[C]. Reykjavik: Proceedings of the international conference on artificial intelligence and statistics, 2014: 814-822.

[12]Soudry D, Hubara I, Meir R. Expectation backpropagation: parameter-free training of multilayer neural networks with continuous or discrete weights [C]. Montreal: Advances in neural information processing systems, 2014: 963 - 971.

第 2 章 统计推断基础

P. 5　本章的学习目标是：

- 了解统计推断理论作为机器学习基础的重要性；
- 区分频率学派和贝叶斯学派对概率的不同观点；
- 理解指数分布的优点及其特征；
- 理解熵和信息的概念；
- 能够实现用于估计的算法。

2.1 模型

不同的模型其形式各异，复杂度也不尽相同。例如，物理学家用不同的模型理解宇宙：天文学家关注广义相对论和天体间的相互作用，而粒子物理学家根据量子力学来研究宇宙；幼儿画出家庭、房子等的简笔画；神经科学家研究果蝇作为理解大脑的模型；驾驶员则会想象接下来什么会改变以及怎样改变，以便决定下一步该如何行动。

尽管这些示例不尽相同，并且针对不同的目的，但它们都是对真实世界实体的近似表示。模型是对世界在给定的层次上的一种描述，并预设了一些概念和假设。具体来说，统计模型是对过程的数学描述，它既包括样本数据，又包括对该过程的统计假设。

模型中可能有一些未知的参数，必须从现有的数据中训练学习才能得到它们，以便于研究者能够发现其潜在的原因或预测可能的结果。如果模型与观测数据不匹配，就可以驳倒这个模型，并重建匹配度更好的模型来解释观测数据。

P. 6　统计推断指的是在已知观测数据的情况下，我们推断模型的整体数据或者部分数据的随机期望概率分布(可能是边缘概率分布或者条件概率分布)的一般过程。机器学习中的文献通常将"学习"和"推断"这两个术语分离开来,前者指模型参数估计,后者则特指在已估计参数的基础上对未知量(即模型输出)进行推断。然而,在统计学上并没有这种差异,两者都是均值估计。在本书中,它们可以互换使用,由于推断很容易与概率分布相关联,因此本书多用推断进行描述。

2.1.1　参数的模型

参数模型 P 是通过对有限个参数进行索引而得到的一个分布族 f。设 $\boldsymbol{\theta}$ 是参数空间 $\boldsymbol{\Theta}$ 的一个元素,$\boldsymbol{X}$ 是一个随机变量,我们将参数模型的可能分布集合定义为

$$P_{\boldsymbol{\Theta}} = \{f(\boldsymbol{x};\boldsymbol{\theta}):\boldsymbol{\theta} \in \boldsymbol{\Theta}\} \tag{2.1}$$

举一个简单但清晰的例子,定义以下均匀分布 $U(a,b)$:

$$f(x;a,b) = \begin{cases} 1/(a-b), & x \in [a,b] \\ 0, & \text{其他} \end{cases} \tag{2.2}$$

每一对参数 $\{a,b\}$ 定义了一个遵循相同函数形式的不同分布。

2.1.1.1　位置-尺度族

我们还可以通过预定义的方式修改原始的基本概率密度函数(称为标准概率密度函数)来生成分布族。简单地说,可以对标准分布进行平移、缩放或者平移并缩放操作。

定理 2.1　设 $f(x)$ 为一个概率密度函数,μ 和 $\sigma>0$ 均为常数。那么,以下函数也是概率密度函数:

$$g(x;\mu,\sigma) = \frac{1}{\sigma} f\left(\frac{x-\mu}{\sigma}\right) \tag{2.3}$$

因此,在概率密度函数中引入尺度参数 σ 和/或位置参数 μ,并调整它们的取值,就会产生新的概率密度函数。通过此方法可以生成许多众所周知的分布。例如,图 2.1(a)展示了伽马分布 $Ga(\alpha,\beta)$,它是形状参数 α 在不同取值下的尺度族。

$$f(x;\alpha,\beta) = \frac{\beta^{\alpha}}{\Gamma(\alpha)} x^{\alpha-1} \mathrm{e}^{-\beta x} \tag{2.4}$$ P.7

在我们用速率参数 β 参数化伽马函数时,定理 2.1 中定义的尺度参数实际上是 $\sigma=1/\beta$。注意到,随着尺度 σ 的增加,位置参数周围的分布变得趋于发散。特别是,$\lim\limits_{\sigma \to 0} f(x;\mu,\sigma) = \delta(x-\mu)$,式中 δ 表示狄拉克函数。

同理,图 2.1(b)给出了正态分布 $N(\mu,\sigma)$ 在参数 μ 和 σ 取不同值时的位置-尺度族示意图,满足

$$f(x;\mu,\sigma)=\frac{1}{\sqrt{2\pi\sigma^2}}\mathrm{e}^{-\frac{1}{2}\left(\frac{x-\mu}{\sigma}\right)^2} \tag{2.5}$$

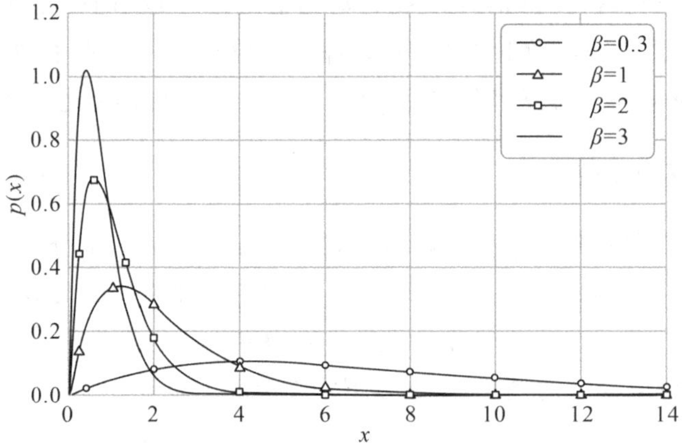

（a）形状参数α=2.2的伽马分布的同一尺度族示意图

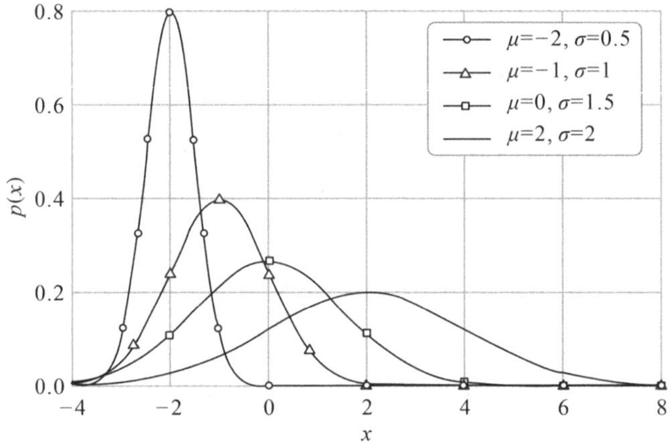

（b）高斯分布的同一位置-尺度族示意图

图 2.1　伽马分布和高斯分布的位置-尺度族示意图

2.1.2　非参数模型

P.8 非参数模型假设参数空间 $\boldsymbol{\Theta}$ 是无限维的，而不是有限维的。我们一般先定义参数空间 $\boldsymbol{\Theta}$ 上的概率分布，再进一步建立一个随机函数。

一个著名的例子是无限混合模型[1]，它可以包含可数的无限个分量，并使用狄利克雷过程(Dirichlet process)来定义随机函数[2]。该模型允许根据情况增加潜变量的数量以适应数据需求，这是非参数模型的典型特征。

2.1.3　潜变量模型

给定可观测数据 $\boldsymbol{x}$，我们应该如何对分布 $p(\boldsymbol{x})$ 建模以反映真实世界的人口呢？这种分布可能是十分复杂的，并且很容易假设数据点 x_i 服从独立同分布(independent and identically distributed, IID)。但毕竟它们不可能是完全独立的，因为必定存在潜在的原因使得它们以这样的方式存在，即使原因是未知的。我们用变量 $\boldsymbol{Z}$ 表示这个隐藏的原因，从而得到联合分布 $p(\boldsymbol{x},\boldsymbol{z})$。于是，通过对变量 $\boldsymbol{Z}$ 进行边缘化，得到

$$p(\boldsymbol{x}) = \int p(\boldsymbol{x},\boldsymbol{z})\mathrm{d}\boldsymbol{z} = \int p(\boldsymbol{x}\mid\boldsymbol{z})p(\boldsymbol{z})\mathrm{d}\boldsymbol{z} \tag{2.6}$$

注意，我们在此将潜变量和未知模型参数视为可互换的概念。对于贝叶斯理论来说，模型参数和潜变量之间没有根本的区别，因为它们都是被希望能推断出其具体值的随机变量。例如，当可观测变量 X_i 为伯努利随机变量时，则变量 $\boldsymbol{Z}$ 对应的成功概率 $p\in(0,1)$。

P. 9

2.1.4　德菲内蒂表示定理

独立是一个很强的假设。我们可以转而利用无限可交换性。可交换性是对称性的最基本假设。对随机变量的有限序列$(X_1, X_2, \cdots, X_i)$来讲，如果其元素的任何排列具有相同的概率分布，则称为可交换的。因此，序列的顺序与确定联合分布或者任何边缘分布无关。特别地，所有边缘分布均是等价的。如果一个随机变量的无穷序列的每个有限子序列都是可交换的，那么该序列就是无限可交换的。注意，这一性质比独立同分布更具普适性。

德菲内蒂表示定理(De Finetti's representation theorem)表明[3]，如果随机变量的序列是无限可交换的，则存在 $p(\boldsymbol{z})$，其联合分布可表示为

$$p(x_1, x_2, \cdots) = \int \prod_i p(x_i\mid\boldsymbol{z})p(\boldsymbol{z})\mathrm{d}\boldsymbol{z} \tag{2.7}$$

因此，可以将一个无限可交换的随机变量序列的联合分布看作一个过程，在该过程中随机参数取自某个(先验)分布，然后在给定该参数的条件下，所有相关的可观测变量都是独立同分布的。

该定理说明了统计模型是如何在贝叶斯背景下出现的：在 $\{\boldsymbol{X}\}_{i=1}^{\infty}$ 的可交换性假设下，此假设比独立同分布弱得多，存在一个参数，即给定其值，则可观测值是有条件的独立同分布。在没有任何有关 $p(\boldsymbol{z})$ 信息的情况下，该定理为贝叶斯参数模型提供了强大动力。

在实际问题中，即使我们处理的是无序数据，随机变量的数量也总是有限的。因此，无限可交换性假设可能不切实际甚至是错误的，但在高维数据的情况下，结果仍然近似正确[4]。

2.1.5 似然函数

似然函数 $L(\boldsymbol{\theta}|\boldsymbol{x})$ 多用于衡量参数 $\boldsymbol{\theta}$ 对随机变量 $\boldsymbol{X}$ 的观测值 $\boldsymbol{x}$ 的解释程度，因此，它可以衡量模型在不同的 $\boldsymbol{\theta}$ 取值下对观测数据的拟合能力。该定义类似于概率密度函数 $f(\boldsymbol{x};\boldsymbol{\theta})$，满足

$$L(\boldsymbol{\theta} \mid \boldsymbol{x}) = f(\boldsymbol{x};\boldsymbol{\theta}) \tag{2.8}$$

一方面，它的值越高，$\boldsymbol{\theta}$ 的给定值越似然，这表明 $\boldsymbol{x}$ 比 $\boldsymbol{X}$ 的其他实现更有可能

P. 10 被观测到。尽管定义相似，但依据似然性可以认为 $\boldsymbol{x}$ 是已知的且固定，而 $\boldsymbol{\theta}$ 是未知变量。另一方面，概率密度函数认为 $\boldsymbol{\theta}$ 是固定的，$\boldsymbol{x}$ 是变量。因此，似然函数不是概率密度函数，所以它的和不一定等于 1。

通过一个例子，可以更好地理解似然项的作用。设 $f(\cdot;w)$是一个由参数 w 定义的一元回归模型，预测一个标量值 $\hat{y}$，即 $\hat{y}=f(x)$。假设一个具有给定噪声的概率模型，即在模型输出上叠加一个已知的观测噪声模型 $g(\cdot)$，例如方差为 σ^2 的加性高斯噪声。因此，模型不再输出正确值 $f(x;w)$，而是输出一个围绕高斯分布的方差 σ^2 波动的值。对数似然函数的形式为

$$\begin{aligned} \log L(w \mid y,x) &= \log N(y;f(x;w),\sigma^2) \\ &= -\frac{1}{2}\log(2\pi\sigma^2) - \frac{1}{2\sigma^2}(y - f(x;w))^2 \end{aligned} \tag{2.9}$$

要想最大化 $L(w|y,x)$，意味着最小化$(y-f(x;w))^2$。因此，当 y 越趋近于预测输出值 $f(x)$时，参数 w 的值似然性越高。需要注意的是，预测模型和噪声模型在理论上可以是任何形式的。

2.2 指数分布族

2.2.1 充分统计量

使用统计模型时，有必要从一组随机抽取的样本 $x_1, x_2, \cdots, x_n$ 中恢复部分甚至全部的参数。假设这些观测值服从独立同分布，并且样本取自概率密度函数 $f(\boldsymbol{x};\boldsymbol{\theta})$，对参数 $\boldsymbol{\theta}$ 进行估计是许多统计学家和工程师的目标，有时求解过程颇具挑战性。一种比较常见的方法是从观测值中获取和总结一些有效信息，并用它来估计参数 $\boldsymbol{\theta}$，而不是直接利用原始观测值。这种方法被称为数据约减，而工程师和计算机科学家则称之为特征提取。

数据约减带来的问题是信息的丢失。如何保证从观测值中计算出的统计量 $T(\boldsymbol{X})$，不会为了估计 $\boldsymbol{\theta}$ 而丢失信息呢？充分性原则可以解决这个问题。定义 $T(\boldsymbol{X})$ 为一个充分统计量，对于任意两个样本 x_1 和 x_2，满足 $T(x_1)=T(x_2)$，那么 $\boldsymbol{\theta}$ 的估计结果都是相同的。

大多数情况下，通过计算充分统计量来估计参数是一项相当困难的任务，但有 P. 11
一种简单的方法就是使用费希尔-奈曼(Fisher-Neyman) 因式分解定理。

定理 2.2(费希尔-奈曼因式分解定理)　令 $\boldsymbol{x}$ 表示概率密度函数为 $f(\boldsymbol{x};\boldsymbol{\theta})$ 的离散分布对应的一组随机观测值，且 $\boldsymbol{x}=[x_1, x_2, \cdots, x_n]^{\mathrm{T}}$。当且仅当 $T(\boldsymbol{X})$ 是一个充分统计量时，存在函数 $g(T(\boldsymbol{x});\boldsymbol{\theta})$ 和 $h(\boldsymbol{x})$，并且 $h(\boldsymbol{x}) \geqslant 0$，对于所有样本点 $\boldsymbol{x}$ 和 $\boldsymbol{\theta}$ 的所有值，$f(\boldsymbol{x};\boldsymbol{\theta})$ 可以分解为

$$f(\boldsymbol{x};\boldsymbol{\theta}) = g(T(\boldsymbol{x});\boldsymbol{\theta})h(\boldsymbol{x}) \tag{2.10}$$

例如，对于平均值 θ 未知的一维泊松分布，如果取一个由 n 个独立同分布的观测值组成的样本 x，其概率函数可以写为

$$f(x;\theta) = \prod_{i=1}^{n} f(x_i;\theta) = \prod_{i=1}^{n} \frac{\mathrm{e}^{-\theta}\theta^{x_i}}{x_i!} = \frac{\mathrm{e}^{-n\theta}\theta^{\sum_{i=1}^{n} x_i}}{\prod_{i=1}^{n} x_i!} = g(T(x);\theta)h(x) \tag{2.11}$$

式中，$g(T(x);\theta) = \mathrm{e}^{-n\theta}\theta^{\sum_{i=1}^{n} x_i}$；$h(x) = \left(\prod_{i=1}^{n} x_i!\right)^{-1}$。因此，依据因式分解定理，对 θ 来讲，$T(x) = \sum_{i=1}^{n} x_i$ 是充分统计量。

2.2.2 定义和特性

指数族是一个参数化分布族，其概率密度函数 $f(x;\boldsymbol{\theta})$ 可以写为以下形式：

$$f(x;\boldsymbol{\theta}) = h(x)\mathrm{e}^{\sum_{i=1}^{k}\eta_i(\boldsymbol{\theta})t_i(x)-B(\boldsymbol{\theta})} \tag{2.12}$$

式中，$h(x) \geqslant 0$；$\eta_1,\eta_2,\cdots,\eta_k$ 称为自然参数。

许多著名的分布，如泊松分布、贝塔分布和二项式分布，都属于指数型概率分布，对应的概率密度函数可以用式(2.12)的形式表示。下面验证二项式分布是否属于指数型概率分布：

P. 12

$$\begin{aligned}
f(x;p) &= \binom{n}{x} p^{x}(1-p)^{n-x} \\
&= \binom{n}{x}(1-p)^{n}\left(\frac{p}{1-p}\right)^{x} \\
&= \binom{n}{x}\mathrm{e}^{n\log(1-p)}\mathrm{e}^{x\log\frac{p}{1-p}} \\
&= h(x)\mathrm{e}^{\eta_1(p)t_1(x)-B(p)}
\end{aligned} \tag{2.13}$$

式中，$h(x) = \binom{n}{x}$；$B(p) = -n\log(1-p)$；$t_1(x) = x$；$\eta_1(p) = \log\frac{p}{1-p}$。

以下假设有 n 个独立的观测，有

$$\begin{aligned}
f(\boldsymbol{x};\theta) &= \prod_{j=1}^{n} h(x_j)\mathrm{e}^{\sum_{i=1}^{k}\eta_i(\boldsymbol{\theta})t_i(x_j)-B(\boldsymbol{\theta})} \\
&= \prod_{j=1}^{n}\left(h(x_j)\left[\mathrm{e}^{\sum_{i=1}^{k}\eta_i(\boldsymbol{\theta})\sum_{j=1}^{n}t_i(x_j)-nB(\boldsymbol{\theta})}\right]\right)
\end{aligned} \tag{2.14}$$

根据定理 2.2，有

$$h(\boldsymbol{x}) = \prod_{j=1}^{n} h(x_j) \tag{2.15}$$

$$g(t(\boldsymbol{x});\boldsymbol{\theta}) = \mathrm{e}^{\sum_{i=1}^{k}\eta_i(\boldsymbol{\theta})\sum_{j=1}^{n}t_i(x_j)-nB(\boldsymbol{\theta})} \tag{2.16}$$

这意味着充分统计量(或称自然充分统计量) $T(\boldsymbol{x}) = \left(\sum_{j=1}^{n}t_1(x_j),\cdots,\sum_{j=1}^{n}t_j(x_j)\right)$。这个结果非常重要，因为它提供了一个公式来计算一系列重要分布的充分统计量。指数型概率分布还提供了两个方程来求导[5]，通常将期望值替换为更简单的操作，以下分别计算期望和方差。

$$E\left[\sum_{i=1}^{k}\frac{\partial\eta_i(\boldsymbol{\theta})}{\partial\theta_j}t_i(\boldsymbol{x})\right] = \frac{\partial B(\boldsymbol{\theta})}{\partial\theta_j} \tag{2.17}$$

$$\mathrm{Var}\left[\sum_{i=1}^{k}\frac{\partial\eta_i(\boldsymbol{\theta})}{\partial\theta_j}t_i(\boldsymbol{x})\right]=\frac{\partial^2 B(\boldsymbol{\theta})}{\partial\theta_j^2}-E\left[\sum_{i=1}^{k}\frac{\partial^2\eta_i(\boldsymbol{\theta})}{\partial\theta_j^2}t_i(\boldsymbol{x})\right]\tag{2.18}$$

式中，$j\in\{1,2,\cdots,d\}$。

2.3 信息度量

一个数据集能提供多少关于模型参数的信息？一个随机变量可以携带多少信息？如何衡量从观测随机变量中获得的信息量？信息的本质是什么？信息论回答了这些问题，它的概念对机器学习甚至信息系统，在量化、存储和通信方面都是至关重要的。 P. 13

本节将简要介绍一些信息论的基本概念，以及本书中需要用到的信息度量。

2.3.1 费希尔信息

费希尔信息(Fisher Information)估计是由参数空间 $\boldsymbol{\Theta}$ 的变化引起的分布 $f(x;\boldsymbol{\theta})$ 的方差。它直观地量化了随机变量 X 关于参数 $\boldsymbol{\theta}$ 的信息量。

对于 k 维参数空间 $\boldsymbol{\Theta}$ 和服从概率密度函数 $f(x;\boldsymbol{\theta})$ 的随机变量 X，费希尔信息矩阵的元素定义为

$$I_{i,j}(\boldsymbol{\theta})=\mathrm{Cov}\left(\frac{\partial}{\partial\theta_i}\log f(x;\boldsymbol{\theta}),\frac{\partial}{\partial\theta_j}\log f(x;\boldsymbol{\theta})\right)\tag{2.19}$$

式中，$\mathrm{Cov}(\cdot,\cdot)$ 为协方差函数。

向量 $\frac{\partial}{\partial\boldsymbol{\theta}}\log f(x,\boldsymbol{\theta})$ 称为得分函数，表示似然值对参数 $\boldsymbol{\theta}$ 的敏感性。当对应于概率密度函数 $f(x;\boldsymbol{\theta})$的似然值 L 对 $\boldsymbol{\theta}$ 的变化非常敏感时，更容易找到真实参数值的强候选值，即使 $\boldsymbol{\theta}$ 的微小变化也足以导致所得的观测结果有显著不同。然而，由于得分函数的均值为零[2]，因此 $I_{i,j}(\boldsymbol{\theta})$ 值较高则表示得分函数整体较大，x 能很好地区分 $\boldsymbol{\theta}$ 的可能值。我们之所以说“整体”，是因为费希尔信息是得分函数的协方差，是对 x 的所有可能值取的期望。费希尔信息编码了参数空间的曲率，在优化中发挥着重要作用。

费希尔信息对参数空间的曲率进行编码，在优化中起着重要的作用。第 4 章将介绍一种依赖于费希尔信息的方法；附录 A.4 则将证明费希尔矩阵是对数似然函数的黑塞矩阵(Hessian matrix)期望值的负数。

2.3.2 熵

熵是对随机变量的期望信息量的非负度量。信息量用于量化特定结果的可能 P. 14

性：事件发生的概率越小，信息就越丰富。如果一个事件发生的概率为 0 或 1，那么它的观测结果就平淡无奇，也不会提供任何额外的信息。反之，如果一件事不太可能发生，但却发生了，那么该观测结果会带来很多有价值的信息。

如上所述，信息量取决于特定事件的概率，因此熵取决于随机变量的概率分布。对服从概率质量函数 $p(x)$ 的离散随机变量，其观测值 x 的信息量为

$$h(x)=-\log p(x) \tag{2.20}$$

因此，熵作为随机变量的期望信息量被定义为

$$H(X)=-\sum_{i}p(x_i)\log p(x_i)=E_X[-\log p(x)] \tag{2.21}$$

如果概率分布曲线是水平的，那么所有事件发生的概率均相等，此时我们无法确定任何特定的结果，所以熵是最大的。

2.3.2.1 条件熵

当变量 Y 已知时，条件熵量化了随机变量 X 上的剩余熵。如果两个变量彼此独立，那么关于其中一个变量的信息就不会影响另一个变量的不确定性。此时，条件熵 $H(X|Y)$ 等于 $H(X)$ 。

定义条件熵为联合分布 $p(x,y)$ 下 $X \mid Y$ 的期望信息量，即

$$H(X\mid Y)=-\sum_{i,j}p(x_i,y_j)\log\frac{p(x_i,y_j)}{p(y_j)}=E_{X|Y}[-\log p(x\mid y)] \tag{2.22}$$

2.3.2.2 微分熵

最初，克劳德·香农(Claude Shannon)在通信理论中为表述信息定义了熵，其本质上是离散的[6]。离散随机变量 Y 的熵，其概率质量函数无穷小地近似于连续随机变量 X 的概率密度函数 $f(x)$ ，被定义为

P. 15

$$\begin{aligned}\lim_{\varepsilon_i\to 0}H(X)&=-\sum_{i}f(x_i)\varepsilon_i\log(f(x_i)\varepsilon_i)\\&=-\sum_{i}f(x_i)\varepsilon_i\log f(x_i)-\sum_{i}f(x_i)\varepsilon_i\log\varepsilon_i\\&=-\int f(x)\log f(x)\mathrm{d}x-\log\varepsilon_i\int f(x)\mathrm{d}x\\&=-\int f(x)\log f(x)\mathrm{d}x+\lim_{\varepsilon_i\to 0}(-\log\varepsilon_i)\\&=-\int f(x)\log f(x)\mathrm{d}x+\infty\end{aligned} \tag{2.23}$$

式中，ε_i 表示第 i 个离散段的宽度。

香农熵是发散的，对于连续分布，可以用 $\lim_{\varepsilon_i \to 0} \log \varepsilon_i = -\infty$ 来抵消式(2.23)中的极限。这种连续扩展称为微分熵，尽管它与香农熵公式看起来很相似，但两者并不直接等价，微分熵也不具有香农熵的一些原始性质，例如非负性。设 $f(x)$ 为连续随机变量 X 的概率密度函数，则

$$H(X) = -\int f(x) \log f(x) \mathrm{d}x = E_X[-\log f(x)] \tag{2.24}$$

接下来的章节将同时讨论香农熵和微分熵。前者指的是离散的随机变量，而后者指的是连续的随机变量，书中进行了清晰地描述。

尽管存在散度，在处理连续情况下的熵差时，项 $\lim_{\varepsilon_i \to 0}(-\log \varepsilon_i)$ 消去，散度也就消失了。下一节将介绍基于熵差的其他信息度量，并以同样的方式应用于离散和连续随机变量。

2.3.3　库尔贝克-莱布勒(Kullback-Leibler，KL)散度

该散度常被称为 KL 散度，也被称为相对熵，与到目前为止看到的信息度量不同，KL 散度是一个相对度量，因为它评估了两个分布 $p(x)$ 和 $q(x)$ 在同一随机变量 X 上的非相似度，其定义为

$$D_{\mathrm{KL}}(p \parallel q) = \int p(x) \log\left(\frac{p(x)}{q(x)}\right) \mathrm{d}x \tag{2.25}$$

KL 散度也可以写为 P. 16

$$D_{\mathrm{KL}}(p \parallel q) = H_q(p) - H(p) \tag{2.26}$$

式中，$H(p)$ 是服从概率分布 p 的随机变量的熵，$H_q(p)$ 是 p 和 q 的交叉熵。

$$H_q(p) = -\int p(x) \log q(x) \mathrm{d}x \tag{2.27}$$

熵 $H(p)$ 给出了传递随机变量 X 中存在的信息内容所需的期望信息长度，X 的概率分布服从 $p(x)$。当存在不正确的分布 $q(x)$ 时，交叉熵 $H_q(p)$ 则表示传递 X 所需的期望信息长度[7]。由此，从式(2.27)可以看出，KL 散度可理解成用 q 替代 p 所引起的预期额外信息长度的度量。因此，它既不能为负也不具备对称性，式(2.25)的定义符合这些约束条件。

由于 KL 散度中对数项的运算对象是分布之间的比值，因此这个量对于连续随机变量而言意义明确。而且，它对仿射变换具有不变性，但要求分布 p 和 q 必须在相同的事件集合上定义。实际上，在其他情况下比较这两个分布将毫无意义。

2.3.4 互信息

互信息 $I(X;Y)$可以定义为条件熵 $H(X|Y)$ 相对于熵 $H(X)$的补充，如图 2.2 所示。因此，互信息量化了通过观测 Y 而使 X 的不确定性降低的期望程度，它是 X 和 Y 之间公共信息的度量。因此，它属于联合分布的一个性质。

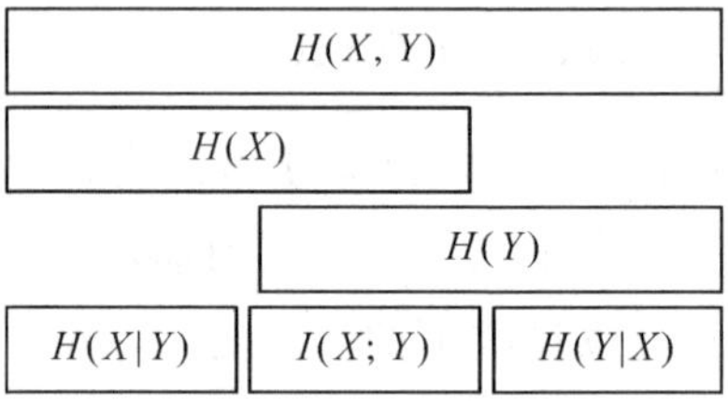

图 2.2　联合信息、边缘熵、条件熵和互信息的关系

设 $p(x)$和 $p(y)$分别是 X 和 Y 的边缘分布，$p(x,y)$是它们的联合分布。那么互信息为

$$I(X;Y) = D_{\mathrm{KL}}(p(x,y) \parallel p(x)p(y)) \tag{2.28}$$

P. 17 注意式(2.28)是 $p(x,y)$与它们的边缘分布乘积 $p(x)p(y)$之间的 KL 散度，可以理解成 $I(X;Y)$为信息成本，即(X,Y)独立编码时需要的额外比特数。如果两个变量是独立的，那么 $I(X;Y)=0$ 。

2.4 贝叶斯推断

贝叶斯概率来源于贝叶斯规则：

$$p(z \mid x) = \frac{p(x \mid z)p(z)}{p(x)} \tag{2.29}$$

该式中的 z 和 x 可以代表任何事件，但通常情况下，z 指的是模型的未知随机变量的取值，x 指的是真实世界过程中对应的观测数据。

在上面的表达式中，每一项都有一个明确的解释。

- $p(z)$：先验概率。它将可能掌握的任何先验信念或知识编码到模型中。如果没有任何先验信息，则可以使用无信息先验分布。
- $p(x|z)$：似然函数。在 2.1.5 节中已经介绍，它是关于参数的概率密度函数，而非可能性事件。直观上，它衡量的是模型给出的观测数据的可能性。
- $p(z|x)$：后验概率。它代表着参数的信息纳入(新)数据后发生更新，因此它是

基于新事件后的条件概率。

- $p(x)$：证据概率。如上所述，该项指的是观测数据，该概率分布作为一个归一化因子等于 $\int p(x|z)p(z)\mathrm{d}z$，以使得后验数据对应一个适当的概率分布。

2.4.1 贝叶斯方法和经典方法对比

先验分布和后验分布为贝叶斯框架所固有，在贝叶斯框架中，参数和其他未知量均被视为随机变量。因此，所有的未知量都被同等对待，它们之间没有区别。

贝叶斯观点本质上是对概率本身及其意义的一种解释，而频率论把它看作是一个事件的相对频率，贝叶斯观点则视其为置信度的量化。 P. 18

在统计学意义上的大数据集条件下，贝叶斯后验分布的渐近形式变得很“窄”，与似然函数相似。直觉上，这种说法是有道理的：观测数据提供的证据变得如此强大，以至于先验信息变得无关紧要。在这种情况下，贝叶斯方法和经典方法会给出相近的结果。有人可能会问，如果结果相似，那么贝叶斯方法的优势是什么呢？这里的陷阱是“大数据集”和“统计学意义上的大数据集”这两个说法。当数据有限且传统方法容易过度拟合时，贝叶斯模型确实发挥了作用，此时参数具有显著的不确定性[8]。最近很火的机器学习方法依赖于非常大的数据集，然而这些数据集从统计角度上讲仍然很小。例如，尽管 ImageNet 数据集[9]有超过 1400 万张图像，但对于图像中出现的所有对象类，实际上有无限种可能的配置。因此，科学界一直在积极研究能够很好地扩展到大数据集（统计数据足够多）的贝叶斯推断方法。

2.4.2 后验预测分布

贝叶斯处理方法包括计算后验分布 $p(z|x)$，而不仅仅是获取点估计，因此式(2.29)中对证据 $\int p(x|z)p(z)\mathrm{d}z$ 进行归一化十分重要。两种分布都允许生成潜变量的点估计或区间估计，并为新数据构建预测密度。例如，在测试时，通过新基准 x' 计算后验预测分布：

$$p(x'|x)=\int p(x'|z)p(z|x)\mathrm{d}z \tag{2.30}$$

直观上讲，这里是通过考虑学习得到的后验分布 $p(z|x)$ 给出的 z 自身概率，对不同设置下的随机变量 Z 计算 x' 的概率。

正如有些人可能已经想到的，在使用贝叶斯方法时积分是核心操作。然而，这常常会导致计算不可行，要么因为高维运算导致短时间内难以完成，要么不存在封闭形式的解析解。本书 3.2 节针对此问题给出了近似方法,第 4 章中介绍了贝叶斯神经网络的相关算法。关于三阶层次的贝叶斯模型可见图 2.3。

P. 19

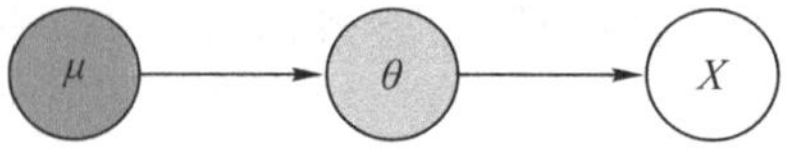

图 2.3　三阶层次的贝叶斯模型

图中,X 为可观测随机变量,θ 为控制其生成过程的未知参数,μ 是决定随机变量 θ 分布的超参数。

2.4.3　层次模型

贝叶斯模型可以进一步分解为一系列条件分布,这些分布跨越多个层次,遵循分层结构。这种贝叶斯层次模型有多级超参数,这些超参数设置了下层的先验分布,并定义了相应分布的超先验。在图 2.3 的例子中,μ 是一个超参数,因为 θ 已经是一个影响可观测随机变量 X 分布的参数。一方面,如果为 μ 定义一个分布,相当于定义了一个超先验分布,在推断过程中通过边缘化 μ 分布,就执行了完全贝叶斯方法。另一方面,如果定义 μ 的点估计,并利用观测数据求取 μ 的最大似然值来得到其点估计值,就是执行了经验贝叶斯方法。本书第 4 章将使用层次模型来研究概率反向传播。

2.5　共轭先验分布

2.5.1　定义和目的

2.2 节介绍了指数分布族的特性及其概率密度函数的优点。在贝叶斯理论中,参数的先验信息可以与一些实验结果配合使用,用于更新该参数的置信度。从数学上讲,可以得到

$$p(z \mid x) \propto p(x \mid z) p(z) \tag{2.31}$$

P. 20 因此,可以选择先验分布以使后验分布保持在同一分布族中。当 $p(z \mid x)$ 和 $p(z)$ 属于同一类型的分布时,则 $p(z)$ 是似然函数 $p(x \mid z)$ 的共轭先验分布。使用共轭先验分布可以节省很多时间,因为这样只需要计算更新后的参数,而不是整个分布。虽然共轭先验分布提供了更直接的方法来计算后验分布,但选择能使未知参数的置信度较高的先验分布是很有必要的。

2.5.2 共轭先验示例

以下通过计算共轭先验来展示其思路。假设有一个方差 σ^2 已知、均值 μ 未知的正态分布：

$$p(x \mid \mu) = \frac{1}{\sqrt{2\pi\sigma^2}} \mathrm{e}^{-\frac{1}{2}\left(\frac{x-\mu}{\sigma}\right)^2} \tag{2.32}$$

然后，考虑 n 次独立同分布观测：

$$\begin{aligned} p(x|\mu) &= \prod_{i=1}^{n} p(x_i \mid \mu) \\ &= \prod_{i=1}^{n} \frac{1}{\sqrt{2\pi\sigma^2}} \mathrm{e}^{-\frac{1}{2}\left(\frac{x_i-\mu}{\sigma}\right)^2} \\ &= (2\pi\sigma^2)^{-\frac{n}{2}} \mathrm{e}^{-\frac{1}{2}\sum_{i=1}^{n}\left(\frac{x_i-\mu}{\sigma}\right)^2} \end{aligned} \tag{2.33}$$

根据式(2.31)的结果，后验分布可以写成

$$p(\mu \mid x) \propto p(\mu)\ (2\pi\sigma^2)^{-\frac{n}{2}} \mathrm{e}^{-\frac{1}{2}\sum_{i=1}^{n}\left(\frac{x_i-\mu}{\sigma}\right)^2} \tag{2.34}$$

注意到，影响参数 μ 的因素包括指数项 μ^2 和 μ，后验分布也有这两项。因此，共轭先验必须包含这两项，这意味着它也必须是正态分布。假设先验分布是均值为 μ_0 、方差为 σ_0^2 的正态分布：

$$\begin{aligned} p(\mu|x) &\propto p(\mu)\ (2\pi\sigma^2)^{-\frac{n}{2}} \mathrm{e}^{-\frac{1}{2}\sum_{i=1}^{n}\left(\frac{x_i-\mu}{\sigma}\right)^2} \\ &\propto \frac{1}{\sqrt{2\pi\sigma_0^2}} \mathrm{e}^{-\frac{1}{2}\left(\frac{\mu-\mu_0}{\sigma_0}\right)^2}\ (2\pi\sigma^2)^{-\frac{n}{2}} \mathrm{e}^{-\frac{1}{2}\sum_{i=1}^{n}\left(\frac{x_i-\mu}{\sigma}\right)^2} \\ &\propto \mathrm{e}^{-\frac{1}{2}\left[\mu^2\left(\frac{1}{\sigma_0^2}+\frac{n}{\alpha^2}\right)-2\mu\left(\frac{\mu_0}{\sigma_0^2}+\frac{n\overline{x}}{\sigma^2}\right)\right]} \end{aligned} \tag{2.35}$$

在式(2.35)的最后一步中，首先忽略与 μ 无关的项，因为它们是常数，并将其 P.21
余的项依据 μ^2 和 μ 进行分组。此时，把 $p(\mu|x)$ 可写成类似于 $N(\mu_p, \sigma_p^2)$ 的正态分布形式，有

$$\begin{aligned} p(\mu|x) &\propto \mathrm{e}^{-\frac{1}{2}\left[\mu^2\left(\frac{1}{\sigma_0^2}+\frac{n}{\sigma^2}\right)-2\mu\left(\frac{\mu_0}{\sigma_0^2}+\frac{n\overline{x}}{\sigma^2}\right)\right]} \\ &= (2\pi\sigma_p^2)^{-\frac{1}{2}} \mathrm{e}^{-\frac{1}{2}\left(\frac{\mu-\mu_p}{\sigma_p}\right)^2} \\ &\propto \mathrm{e}^{-\frac{1}{2}\left(\mu^2\frac{1}{\sigma_p^2}-2\mu\frac{\mu_p}{\sigma_p^2}\right)} \end{aligned} \tag{2.36}$$

意味着

$$\sigma_p^{-1} = \left(\frac{1}{\sigma_0^2} + \frac{n}{\sigma^2}\right) \tag{2.37}$$

$$\mu_p = \frac{\mu_0 + n\overline{x}}{\sigma^2 + n\sigma_0^2} \tag{2.38}$$

这个过程看起来有些繁琐，计算后验分布并不简单，但其他方法通常涉及在更长路径上进行积分。

接下来，介绍一个在第 3 章和第 4 章中非常有用的示例。不用计算共轭先验，只需要证明伽马分布是高斯分布的共轭先验，其中高斯分布的均值已知，精度（方差 $1/\sigma^2$ 的倒数）未知，即

$$p(x \mid \lambda) = \prod_{i=1}^{n} N(x \mid \mu, \lambda^{-1}) = \left(\frac{\lambda}{2\pi}\right)^{\frac{n}{2}} \mathrm{e}^{-\frac{\lambda}{2}\sum_{i=1}^{n}(x_i-\mu)^2} \tag{2.39}$$

$$p(\lambda, \alpha_0, \beta_0) = \frac{\beta_0^{\alpha_0}\lambda^{\alpha_0-1}\mathrm{e}^{-\beta_0\lambda}}{\Gamma(\alpha_0)} \propto \lambda^{\alpha_0-1}\mathrm{e}^{-\beta_0\lambda} \tag{2.40}$$

利用式(2.31)，可得

$$\begin{aligned} p(\lambda \mid x) &\propto \lambda^{\alpha_0-1}\mathrm{e}^{-\beta_0\lambda}\left(\frac{\lambda}{2\pi}\right)^{\frac{n}{2}}\mathrm{e}^{-\frac{\lambda}{2}\sum_{i=1}^{n}(x_i-\mu)^2} \\ &\propto \lambda^{\alpha_0-1+\frac{n}{2}}\mathrm{e}^{-\lambda\left[\frac{1}{2}\sum_{i=1}^{n}(x_i-\mu)^2+\beta_0\right]} \\ &= Ga\left(\lambda \mid \alpha_0+\frac{n}{2}, \frac{1}{2}\sum_{i=1}^{n}(x_i-\mu)^2+\beta_0\right) \end{aligned} \tag{2.41}$$

P. 22 从式(2.41)可以看出参数 α_0 和 β_0 对后验分布的影响，这就相当于我们已经收集了 $2\alpha_0$ 个观测数据，其样本方差为 β_0/α_0 。

2.6 点估计

点估计是指从样本出发，用单一数值估计未知目标量（参数、函数或随机变量）的方法。我们将样本的函数称为估计量，而将具体抽样时计算出的实际值称为估计值。

以下将简要介绍常见的点估计方法，其中一些方法会在后续章节使用。

2.6.1 矩估计法

矩估计法是一种直观的方法。它依赖于求解由“匹配”得到的方程组，其核心是匹配样本矩 $\{m_i\}_{i=1}^{k}$ 等于总体矩 $\{\mu_i\}_{i=1}^{k}$ ，而后者通常是待求解参数 $\{\theta_i\}_{i=1}^{k}$ 的函数。可以得到 k 个方程：

$$\left(m_i = \frac{1}{n}\sum_{j=0}^{n} X_j^i\right) = (E[X^i] = \mu_i), \forall 1 \leqslant i \leqslant k \tag{2.42}$$

因为这种方法基于匹配分布函数的矩实观参数估计，所以又称之为矩匹配法。3.2.2 节和 3.2.3 节用其进行了近似推断，并为第 4 章内容奠定了基础。建议使用相似分布进行矩匹配，否则计算过程会比较麻烦。

2.6.2 最大似然估计

最大似然估计(maximum likelihood estimate, MLE)依赖于求取似然函数的最大值，即找到使观测数据出现概率最大的单一参数值。假设数据在给定 z 的条件下满足独立同分布，则 $p(x|z)$可以分解如下：

P. 23

$$
\begin{aligned}
z_{\text{MLE}} &= \underset{z}{\operatorname{argmax}}\, p(x \mid z) \\
&= \underset{z}{\operatorname{argmax}} \prod_i p(x_i \mid z) \\
&= \underset{z}{\operatorname{argmax}} \sum_i \log p(x_i \mid z)
\end{aligned} \tag{2.43}
$$

最后一个对数形式的等式是一个单调递增函数，与所求优化问题等价。

该方法一方面对参数进行点估计(对应于函数的最大值)，具有参数变换不变性和计算方便等优点；另一方面，尽管该估计结果渐近最优，但它失去了之前讨论过的多变性信息，而且易于过拟合。

2.6.3 最大后验估计

最大后验(maximum a posteriori, MAP)估计计算式(2.29)中定义的后验函数 $p(z|x)$的最大值。从参数优化的角度来看，边际似然是固定值可以忽略。因此，可以这样写：

$$
\begin{aligned}
z_{\text{MAP}} &= \underset{z}{\operatorname{argmax}}\, p(z \mid x) \\
&= \underset{z}{\operatorname{argmax}} \frac{p(x \mid z)p(z)}{p(x)} \\
&= \underset{z}{\operatorname{argmax}}(p(x \mid z)p(z)) \\
&= \underset{z}{\operatorname{argmax}}\Big(\Big[\prod_i p(x_i \mid z)\Big]p(z)\Big) \\
&= \underset{z}{\operatorname{argmax}} \log\Big(\Big[\prod_i p(x_i \mid z)\Big]p(z)\Big) \\
&= \underset{z}{\operatorname{argmax}}\Big(\sum_i \log p(x_i \mid z) + \log p(z)\Big)
\end{aligned} \tag{2.44}
$$

最大后验估计将 Z 视为一个随机变量，因为它也兼顾了先验分布，而先验分布

是 Z 的适当概率密度函数。最大后验估计得出的解与最大似然估计的不同，如图 2.4 所示。式(2.44)是机器学习算法中常见的效用函数。例如，在神经网络中，第二项被称为正则化项。当假设先验分布是一个标准高斯分布时，那么该项会退化为 l_2 正则化项。

P. 24

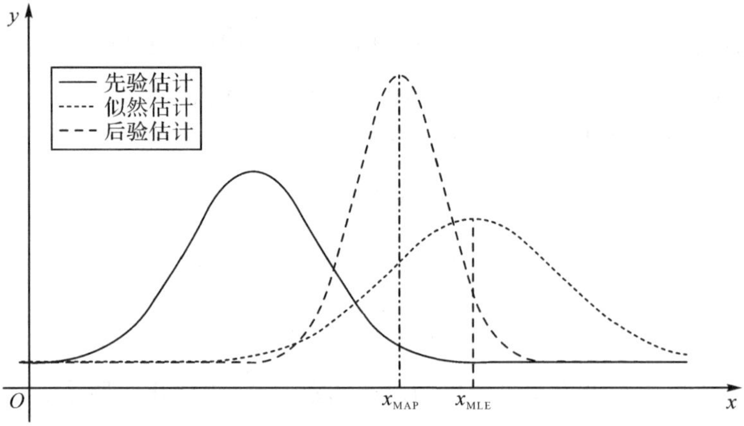

图 2.4　最大似然估计和最大后验估计的解

随着观测到更多的数据，似然性变得更具普适性，而后验分布也向似然函数的方向偏移。尽管这种方法类似于贝叶斯方法，但是最大后验估计仍然是一个点估计，效果不如利用总体样本。此外，当参数变换时其结果也发生变化，这是不理想的，因为我们希望等价的问题总能导出等价的解。

2.6.4　贝叶斯估计

完整的贝叶斯估计与之前讨论的方法有本质区别，此前的点估计法(如最大似然估计或最大后验估计)通过特定公式来计算点估计值。而完整的贝叶斯估计则要求首先定义待推断的随机变量 Z 的先验分布 $p(z)$。但是，考虑到边缘分布 $p(x)$，最终可以得到完整的后验分布 $p(z \mid x)$，而不仅仅是集合 $\mathcal{Z}$ 中的单点值。

接下来就是要在 $\mathcal{Z}$ 中选择最合适的点。为了解决这一问题，决策理论定义了估计值 δ 的风险 R 这一概念，它是关于后验分布 $p(z \mid x)$ 的损失函数 $L(\delta, z)$ 的期望值，可写为

$$R(\delta) = E_{z|x}[L(\delta, z)] \tag{2.45}$$

风险值 $R(\delta)$ 最小时对应的估计值 δ，恰好对应于 $\mathcal{Z}$ 中最合适的点估计值。如何选择损失函数取决于问题的特征：较大误差与较小误差一样糟糕，还是更糟？诸

如此类的设计问题会导致不同的估计值，例如：

- 二次损失 $L(\delta,z)=[\delta(x)-z]^2$ 会得到后验分布的均值。
- 绝对损失 $L(\delta,z)=|\delta(x)-z|$ 会得到后验分布的中位数。 P. 25
- 0-1 损失 $L(\delta,z)=\begin{cases}1, & |\delta(x)-z|>\varepsilon \\ 0, & |\delta(x)-z|\leqslant\varepsilon\end{cases}$ 会得到后验分布的模式，如最大后验估计。

2.6.5　最大期望值法

最大期望值法(expectation-maximization, EM)是一种迭代算法，试图找到参数 θ 的最大似然估计。该方法将寻找函数最大值的优化问题转换为由 E 步(expectation-step)和 M 步(maximization-step)交替组成的标准计算框架。该算法擅长处理丢失的数据，解决了数据丢失时计算异常困难的问题，在计算统计学中被广泛使用。

我们可以用 $f(x;\theta)$ 作为"全数据"分布 $f(x,z;\theta)$ 的边缘分布，即

$$f(x;\theta)=\int f(x,z;\theta)\mathrm{d}z \tag{2.46}$$

式中，z 为未观测到的随机变量 Z 的取值，构成缺失数据。

通过诱导条件分布 $h(z|x;\theta)$，将其写为

$$\log h(z\mid x,\theta)=\log f(x,z;\theta)-\log f(x;\theta) \tag{2.47}$$

基于当前参数估计 $\theta^{(0)}$，对 z 取期望，并重新排列式(2.47)可得

$$\log f(x;\theta)=E_z[\log f(x,z;\theta)\mid x,\theta^{(0)}]-E_z[\log h(z\mid x,\theta^{(0)})] \tag{2.48}$$

式(2.48)右边的第二项在对 $f(x;\theta)$ 进行优化时可以被忽略，将 $E_z[\log f(x,z;\theta)|x,\theta^{(0)}]$ 最大化就足够了。因此，计算可分解为两步：

(1)E 步：$Q(\theta|\theta^{(r)},x)=E_z[\log f(x,z;\theta)|x,\theta^{(r)}]$。

(2)M 步：$\theta^{(r+1)}=\mathrm{argmax}_\theta Q(\theta|\theta^{(r)},x)$。

E 步在观测数据 x 和 $\theta^{(r)}$ 确定的条件下，计算对数似然函数关于缺失数据 z 的期望。M 步找到关于 θ 的最大值。 P. 26

虽然刻意忽略了式(2.48)中的一项，但 EM 算法在每次迭代时都能改善参数的估计值。可以通过 $E_z[\log f(x,z;\theta)|x,\theta^{(r+1)}]\geqslant E_z[\log f(x,z;\theta)|x,\theta^{(r)}]$ 和 $E_z[\log h(z|x,\theta^{(r+1)})]\leqslant E_z[\log h(z|x,\theta^{(r)})]$ 证明这个性质。第一个不等式通过 M 步求取函数最大值来保证。注意到对第二个不等式有

$$E_z[\log h(z\mid x,\theta^{(r+1)})\mid x,\theta^{(r)}]\leqslant E_z[\log h(z\mid x,\theta^{(r)})\mid x,\theta^{(r)}]$$

$$\Leftrightarrow E_z\left[\log\frac{h(z\mid x,\theta^{(r+1)})}{h(z\mid x,\theta^{(r)})}\mid x,\theta^{(r)}\right]\leqslant 0$$

$$\Leftrightarrow E_z\left[\log\frac{h(z\mid x,\theta^{(r+1)})}{h(z\mid x,\theta^{(r)})}\mid x,\theta^{(r)}\right]\leqslant \log E_z\left[\frac{h(z\mid x,\theta^{(r+1)})}{h(z\mid x,\theta^{(r)})}\mid x,\theta^{(r)}\right]$$

$$\Leftrightarrow E_z\left[\log\frac{h(z\mid x,\theta^{(r+1)})}{h(z\mid x,\theta^{(r)})}\mid x,\theta^{(r)}\right]\leqslant \log\int\frac{h(z\mid x,\theta^{(r+1)})}{h(z\mid x,\theta^{(r)})}h(z\mid x,\theta^{(r)})\,\mathrm{d}z$$

$$\Leftrightarrow E_z\left[\log\frac{h(z\mid x,\theta^{(r+1)})}{h(z\mid x,\theta^{(r)})}\mid x,\theta^{(r)}\right]\leqslant \log 1=0 \tag{2.49}$$

式(2.49)的第三步应用了詹森不等式,因为 $\log x$ 是凹函数。

在第一次迭代时,θ 设置成任意值均可启动算法。通常,会从不同的随机初始点 $\theta^{(0)}$ 多次运行该算法以减轻多模态问题固有的局部最优问题。好的初始点可以使算法更快地收敛,而坏的初始点可能会导致算法收敛速度较慢或陷入局部最优。该算法本身运行较慢,其中 E 步是瓶颈所在,且随维度升高,运动速度会变得更慢。此外,缺失的数据越多,E 步执行的次数就越多,算法就会变得越慢。

尽管最大期望值法存在上述缺点,但该算法还是非常有用的,并在许多不同的情况下得到了应用,注意在如下情况中计算最大似然估计或者最大后验估计可能很困难:

- 混合分布。
- 非共轭先验分布。
- 数据丢失或未观测到。
- 离散型、连续型或混合型数据。

P.27 鉴于最大期望值法具有很强的数值计算特性,我们认为用一个例子来举例说明是颇为合适的。

假设一家工厂生产 n 种不同的产品。令 Y_i 表示产品 i 登记的故障品数目,而造成缺陷的根本原因是每种产品 i 的原料 X_i 中含有杂质,杂质自然出现的概率为 τ_i 。假设制造过程中参数 β 对所有原材料产生同等程度的影响。

工厂的管理层怀疑自身的机器存在质量问题,并开始研究为工厂的参数 β 设定标准。因此,他们想评估自己工厂的生产效率,以决定是否应该投资购置新设备。不幸的是,检测哪些原料低于所需的纯度水平成本高昂,由于预算原因,只能执行少量($m<n$)的化学分析。而且,并非所有产品都有故障品的记录。尽管如此,管理层还是要求提交一份详尽的报告。

简单地讲,虽然可以忽略掉那些既没有原始杂质测量也没有故障记录的产品,但管理层不会接受这一做法。因此,为了克服缺失数据带来的影响,可以使用最大期望值法。

将故障品数目 Y_i 和原料 X_i 中含有杂质的数目模拟成两个泊松过程:

$$X_i \sim P(\tau_i) \tag{2.50}$$

$$Y_i \sim P(\beta\tau_i) \tag{2.51}$$

全数据的似然函数由下式给出：

$$f(\boldsymbol{x},\boldsymbol{y} \mid \beta,\boldsymbol{\tau}) = \prod_{i=1}^{n}\left(\frac{\mathrm{e}^{-\tau_i}\tau_i^{x_i}}{x_i\,!}\right)\left[\frac{\mathrm{e}^{-\beta\tau_i}\ (\beta\tau_i)^{y_i}}{y_i\,!}\right] \tag{2.52}$$

为简单起见，考虑 $m=n-1$，其中 x_1 缺失。另外，假设未获得故障品数目 y_n 的记录。不完全数据的似然函数可写为

$$f(\boldsymbol{x}_{-1},\boldsymbol{y} \mid \beta,\boldsymbol{\tau}) = \prod_{i=2}^{n}\left(\frac{\mathrm{e}^{-\tau_i}\tau_i^{x_i}}{x_i\,!}\right)\prod_{i=1}^{n-1}\left[\frac{\mathrm{e}^{-\beta\tau_i}\ (\beta\tau_i)^{y_i}}{y_i\,!}\right] \tag{2.53}$$

如式(2.47)所示，定义条件分布 $h(x_1,y_n \mid \boldsymbol{x}_{-1},\boldsymbol{y}_{-n};\boldsymbol{\theta})$，其中 $\boldsymbol{\theta}=(\beta,\boldsymbol{\tau})$，可得

$$\begin{aligned}
& h(x_1,y_n \mid \boldsymbol{x}_{-1},\boldsymbol{y}_{-n};\boldsymbol{\theta}) = \frac{f(\boldsymbol{x},\boldsymbol{y};\boldsymbol{\theta})}{f(\boldsymbol{x}_{-1},\boldsymbol{y}_{-n};\boldsymbol{\theta})} \\
& \Rightarrow \log f(\boldsymbol{x}_{-1},\boldsymbol{y}_{-n};\boldsymbol{\theta}) = \log f(\boldsymbol{x},\boldsymbol{y};\boldsymbol{\theta}) - \log h(x_1,y_n \mid \boldsymbol{x}_{-1},\boldsymbol{y}_{-n};\boldsymbol{\theta}) \\
& \Rightarrow \log f(\boldsymbol{x}_{-1},\boldsymbol{y}_{-n};\boldsymbol{\theta}) = E_{x_1,y_n}[\log f(\boldsymbol{x},\boldsymbol{y};\boldsymbol{\theta}) \mid \boldsymbol{x}_{-1},\boldsymbol{y}_{-n};\boldsymbol{\theta}] - \\
& \qquad E_{x_1,y_n}[\log h(\boldsymbol{x} \mid \boldsymbol{y};\boldsymbol{\theta}) \mid \boldsymbol{x}_{-1},\boldsymbol{y}_{-n};\boldsymbol{\theta}]
\end{aligned} \tag{2.54}$$

最大期望值法允许通过计算期望并最大化 $(\log f(\boldsymbol{x},\boldsymbol{y},\boldsymbol{\theta} \mid \boldsymbol{x}_{-1},\boldsymbol{y};\boldsymbol{\theta}))$ 来得到最 P.28
合适的 $\boldsymbol{\theta}$。首先，计算期望全数据对数似然函数的解析公式为

$$\begin{aligned}
& E_{x_1,y_n}[\log f(\boldsymbol{x},\boldsymbol{y};\boldsymbol{\theta}) \mid \boldsymbol{x}_{-1},\boldsymbol{y}_{-n};\boldsymbol{\theta}] \\
={}& \sum_{i=1}^{n-1}[-\beta\tau_i + y_i(\log\beta + \log\tau_i) - \log y_i\,!] + \sum_{i=2}^{n}(-\tau_i + x_i\log\tau - \log x_i\,!) + \\
& \sum_{x_1=0}^{\infty}(-\tau_1 + x_1\log\tau_1 - \log x_1\,!)\frac{\mathrm{e}^{-\tau_1^{(r)}}\ (\tau_1^{(r)})^{x_1}}{x_1\,!} + \\
& \sum_{y_n=0}^{\infty}(-\beta\tau_n + y_n\log\beta\tau_n - \log y_n\,!)\frac{\mathrm{e}^{-\beta\tau_n^{(r)}}\ (\beta\tau_n^{(r)})^{y_n}}{y_n\,!} \\
={}& \left\{\sum_{i=1}^{n}[y_i(\log\beta + \log\tau_i) - \beta\tau_i] + \sum_{i=2}^{n}(x_i\log\tau_i - \tau_i) + \right. \\
& \left.\sum_{x_1=0}^{\infty}(x_1\log\tau_1 - \tau_1)\frac{\mathrm{e}^{-\tau_1^{(r)}}\ (\tau_1^{(r)})^{x_1}}{x_1\,!}\right\} - \left[\sum_{i=1}^{n-1}\log y_i\,! + \sum_{i=2}^{n}\log x_i\,! + \right. \\
& \left.\sum_{y_n=0}^{\infty}\log y_n\,!\frac{\mathrm{e}^{-\beta\tau_n^{(r)}}\ (\beta\tau_n^{(r)})^{y_n}}{y_n\,!} + \sum_{x_1=0}^{\infty}\log x_1\,!\frac{\mathrm{e}^{-\tau_1^{(r)}}\ (\tau_1^{(r)})^{x_1}}{x_1\,!}\right]
\end{aligned} \tag{2.55}$$

由于计算期望只是为了能使关于 $\boldsymbol{\theta}$ 的函数最大化，因此可以忽略所有不涉及 $\boldsymbol{\theta}$ 的项。对 $\boldsymbol{\theta}$ 求导，计算最大似然估计，可得

$$\hat{\beta}^{(r+1)}=\frac{\hat{\beta}^{(r)}\hat{\tau}_n^{(r)}+\sum_{i=1}^{n-1}y_i}{\sum_{i=1}^{n}\hat{\tau}_i^{(r)}}=\frac{\hat{\beta}^{(r)}\hat{\tau}_n^{(r)}+\sum_{i=1}^{n-1}y_i}{\hat{\tau}_1^{(r)}+\sum_{i=2}^{n}x_i} \tag{2.56}$$

$$\hat{\tau}_1^{(r+1)}=\frac{\hat{\tau}_1^{(r)}+y_1}{1+\hat{\beta}^{(r+1)}} \tag{2.57}$$

$$\hat{\tau}_n^{(r+1)}=\frac{x_n+\hat{\beta}^{(r)}\hat{\tau}_n^{(r)}}{1+\hat{\beta}^{(r+1)}} \tag{2.58}$$

P. 29

$$\hat{\tau}_i^{(r+1)}=\frac{x_i+y_i}{1+\hat{\beta}^{(r+1)}},\forall i\neq 1,n \tag{2.59}$$

式(2.56)中的第二个等式来自对式(2.57)至式(2.59)求和,并将式(2.56)中的 $\hat{\beta}^{(r+1)}$ 代入,可得

$$\begin{aligned}\sum_{i=1}^{n}\hat{\tau}_i^{(r+1)}&=\frac{y_1+x_n+\hat{\tau}_1^{(r)}+\hat{\beta}^{(r)}\hat{\tau}_1^{(r)}+\sum_{i=2}^{n-1}x_i+\sum_{i=2}^{n-1}y_i}{\hat{\beta}^{(r+1)}+1}\\&=\frac{\sum_{i=2}^{n}x_i+\sum_{i=1}^{n-1}y_i+\hat{\tau}_1^{(r)}+\hat{\beta}^{(r)}\hat{\tau}_1^{(r)}}{\sum_{i=1}^{n-1}y_i+\sum_{i=1}^{n}\tau_i^{(r)}+\hat{\beta}^{(r)}\hat{\tau}_n^{(r)}}\sum_{i=1}^{n}\hat{\tau}_i^{(r+1)}\\&\Rightarrow\sum_{i=1}^{n}\hat{\tau}_i^{(r)}=\sum_{i=2}^{n}x_i+\hat{\tau}_1^{(r)}\end{aligned} \tag{2.60}$$

注意描述 τ_1 和 τ_n 的公式,即式(2.57)和式(2.58),与描述 τ_i 的一般公式(2.59)相似,其中 $\forall i\neq 1,n$ 。当观测不可获得时,可用相应随机变量的均值来代替它,即泊松过程的速率。

遍历式(2.56)至式(2.59),可得到驻点,驻点必须满足:

$$\hat{\beta}=\frac{\hat{\beta}\hat{\tau}_n+\sum_{i=1}^{n-1}y_i}{\hat{\tau}_1+\sum_{i=2}^{n}x_i},\quad \hat{\tau}_1=\frac{\hat{\tau}_1+y_1}{1+\hat{\beta}},\quad \hat{\tau}_n=\frac{x_n+\hat{\beta}\hat{\tau}_n}{1+\hat{\beta}},\quad \hat{\tau}_i=\frac{x_i+y_i}{1+\hat{\beta}},\quad \forall i\neq 1,n \tag{2.61}$$

解完这组方程后,可得

$$\hat{\beta}=\sum_{i=1}^{n-1}y_i/\sum_{i=1}^{n-1}x_i \tag{2.62}$$

$$\hat{\tau}_1=y_1/\hat{\beta} \tag{2.63}$$

$$\hat{\tau}_n = x_n \tag{2.64}$$

$$\hat{\tau}_i = \frac{x_i + y_i}{1+\hat{\beta}}, \quad \forall i \neq 1, n \tag{2.65}$$

我们也可以利用不完全数据的似然函数(2.53)计算最大似然估计来得到上述结果。

在这个简单的例子中，正如刚才所指出的，可以直接从式(2.53)得到 $\boldsymbol{\theta}$ 的估计。然而，在实际场景中通常不是这样的。

2.7 小结与建议

本章简要介绍了统计推断的一些核心内容。具体来讲，本书聚焦于参数模型，并讨论了指数分布族。在推断部分，描述了常见的点估计方法，即最大似然估计、最大后验估计和矩估计法。此外，还介绍了最大期望值法，并将在第 3 章中进一步讨论该算法。对于第 3 章的近似方法来说，最重要的是分布之间的 KL 散度，可以将其理解为在错误模型下传输信息的额外成本。 P.30

正如我们已经指出的，对于希望在机器学习相关领域开展工作的人来说，深入理解这一主题至关重要。否则，所有方法都会显得像神秘的配方，解决问题的过程将如同炼金术一般令人费解。关于统计学和统计推断的较好的综合性文献可以参考文献[5,10-11]。

参考文献

[1] Ghahramani Z. Bayesian non-parametrics and the probabilistic approach to modelling[J]. Philos Trans R Soc A: Math Phys Eng Sci, 2013, 371.

[2] Schervish M J. Theory of statistics[M]. New York: Springer, 1996.

[3] Migon H S, Gamerman D, Louzada F. Statistical inference: an integrated approach[M]. Boca Raton: CRC Press, 2014.

[4] Diaconis P, Freedman D. Finite exchangeable sequences[J]. Ann Probab, 1980, 8(4): 745-764.

[5] Casella G, Berger R L. Statistical inference[M]. Pacific Grove, CA: Wadsworth and Brooks/Cole, 1990.

[6] Shannon C E, Weaver W. A mathematical theory of communication[M].

Champaign, IL: University of Illinois Press, 1963.
[7]Cover T M, Thomas J A. Elements of information theory[M]. New York: Wiley-Interscience, 2006.
[8]Bishop C M. Model-based machine learning[J]. Philos Trans R Soc A: Math Phys Eng Sci, 2013, 371(1984): 1-17.
[9]Deng J, Dong W, Socher R, et al. ImageNet: a large-scale hierarchical image database[C]. In: IEEE conference on computer vision and pattern recognition, 2009. CVPR 2009. IEEE, New York, 2009: 248-255.
[10]Murphy K P. Machine learning: a probabilistic perspective[M]. Cambridge: MIT Press, 2012.
[11]Wasserman L. All of statistics: a concise course in statistical inference[M]. New York: Springer Publishing Company, Incorporated, 2010.

第 3 章

基于模型的机器学习和近似推断

本章的学习目标是： P.31

- 了解基于模型的方法的多种优势；
- 了解贝叶斯推断的优缺点；
- 理解并应用变分贝叶斯推断和期望传播；
- 理解平均场近似的概念；
- 掌握不同变分法的内在联系；
- 了解随机推断和黑盒推断的发展现状。

3.1 基于模型的机器学习

基于模型的机器学习(model based machine learning，MBML)旨在为每个应用场景提供一个专用解决方案。对于一个给定的应用场景，基于模型的机器学习可以在模型中对全部假设条件进行明确编码，这使得我们能够在同一个开发架构中创建很多高级定制模型。

清晰的模型图可以将模型结构从学习算法中解耦出来，使其具有独立的表示，并允许将相同的推断方法应用于不同的模型，或者将不同的推断方法应用于相同的模型，从而产生大量的可能组合。统一的架构促进了快速成型与比较，使得许多传统机器学习算法的推导过程都可以用特定的模型-推断结构来表示，示例见 3.1.1 节。

有人可能会问，为什么我们要推导概率分布，而简单的点估计又有何优势呢?答案是它们能够得到唯一的确定值。如果模型潜在的可变性和鲁棒性缺失，那么就只能求其最可能的解。下面用一个例子来说明。

一辆救护车需要把急救病人送到最近的医院，有 A 和 B 两条可选路线。A 路线大约需要 15 分钟，而 B 路线大约需要 17 分钟。司机应该选择哪一条路线呢？
P. 32 进一步地，司机考虑到病人必须在 20 分钟内被送到医院，在 A 路线中包括频繁的街道信号灯和不确定的交通堵塞，最多可能增加 8 分钟的行车时间，而 B 路线是为医疗等紧急情况设置的快车道，最多只会增加 1 分钟的行车时间。这时，司机的选择还会与之前一样吗？

通过上述案例可以发现问题内部存在着变异性，忽视这些信息可能会导致错误的决策。在该案例中，平均时间不足以作为决策依据，而不确定性信息对于做出更加明智的决定至关重要。概率论为不确定性建模提供了一个原理性的架构。正如本书中的例子所示，概率模型使得我们能够利用数据的概率分布进行推断，从而做出决策、预测未来并据此规划、检测异常事件等。从概率的角度，我们不仅可以理解几乎所有的机器学习算法，还可以将机器学习同其他的计算科学联系起来[1]。

3.1.1 概率图模型

全联合分布很难获得，因此我们转而考虑结构化模型[2]，这种模型只与部分变量的概率分布有关，这可以显著减少计算量。

概率图模型(probabilistic graphical model，PGM)是一种常见的结构化模型，它采用简洁的图形来表示高维空间上的复杂分布[3]。概率图模型中的常见元素包括：

- **节点**：表示随机变量，如果可以观测则背景为阴影，否则背景为空白。
- **边**：表示节点之间的依赖关系。
- **块**：包含子图和右下角标，右下角标为子图重复的次数，如图 3.1 所示。

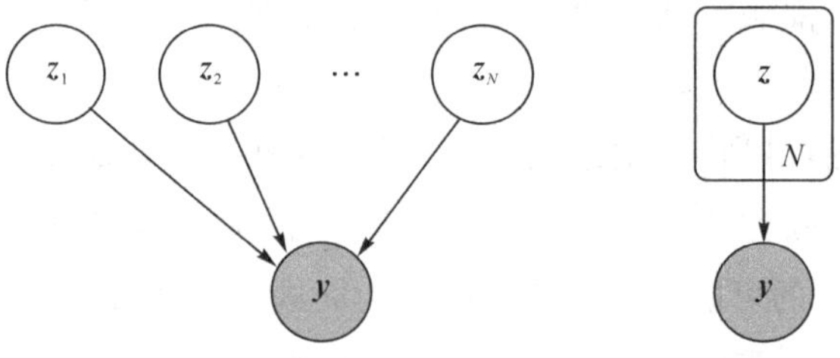

图 3.1　块的等效简化表示

3.1.1.1 有向无环图

设 V 是图中所有节点的集合，定义通过有向边指向 i 的节点为其父节点，而所有父节点的集合记为父集 Π_i。如图 3.2 所示，节点代表随机变量，而边代表它们之间的依赖关系。贝叶斯网络通过边的方向来编码表示因果关系，即 $\boldsymbol{z}_1$、$\boldsymbol{z}_2$、$\boldsymbol{z}_3$ 是 $\boldsymbol{x}_1$ 的自变量；而马尔可夫随机场（也称为无向图模型），通过无向边来编码表示没有因果关系的对称依赖关系。 P. 33

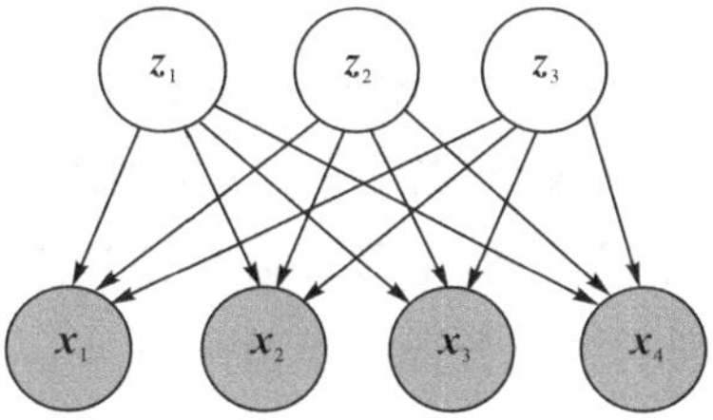

（a）贝叶斯网络

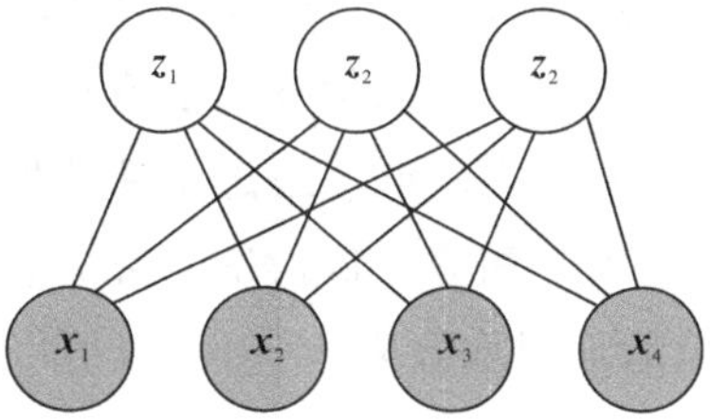

（b）马尔可夫随机场

图 3.2　概率图模型示例

在图 3.2(a)所示的有向无环图（directed acyclic graph，DAG）中，每个节点 $i\in\mathcal{V}$同其父集 Π_i 一起，定义了包含随机变量 $\boldsymbol{X}_i$ 及对应节点 i 的局部概率分布 $p(\boldsymbol{x}_i|\Pi_i)$。如果存在从 i 指向 j 这个结果的边，表明是 i 导致了 j 这个结果，否则 i 和 j 之间是相互独立的。

所有随机变量 $\boldsymbol{X}_i$ 的局部概率分布 $p(\boldsymbol{x}_i|\Pi_i)$ 的并集就是联合概率分布模型：

$$p(\boldsymbol{x}_1,\boldsymbol{x}_2,\cdots,\boldsymbol{x}_{|\mathcal{V}|})=\prod_{i\in\mathcal{V}}p(\boldsymbol{x}_i|\Pi_i) \tag{3.1}$$

这类模型通常被称为贝叶斯网络，尽管它们并不一定需要使用贝叶斯方法。之所以这样称呼，是因为它们在定义概率分布时使用了贝叶斯准则[4]。

3.1.1.2　无向图

与有向无环图相反，在图 3.2(b)所示的无向图中，节点之间并不存在因果关系，因而不能用来描述其生成过程。无向图并非使用条件分布来描述联合概率分布，而是使用势函数 $\psi(\boldsymbol{x}_c)$ 来描述完全连接节点 $\boldsymbol{x}_c$ 上的联合分布。单个节点的势函数并不是一个有效的概率分布，但全部节点的势函数集合 C 可以用式(3.2)中的联合分布来表示，即 P. 34

$$p(\boldsymbol{x}_1,\boldsymbol{x}_2,\cdots,\boldsymbol{x}_{|\mathcal{V}|})=\frac{1}{Z}\prod_{c\in C}\psi(\boldsymbol{x}_c) \tag{3.2}$$

式中，Z 为标准化常数。

3.1.1.3 图模型的优势

大部分传统机器学习和信号处理算法都可以视为特定图模型和推断算法的组合，而其中有很多算法都可以用简单的图结构组合来表示[2]。例如：

1. 主成分分析(principal component analysis，PCA)

主成分分析可以解释为潜变量 $\boldsymbol{Z}$ 在对应的主成分子空间中的生成过程，如图 3.3(a)所示。观测值 $\boldsymbol{y}$ 通过线性映射 $\boldsymbol{Wz}+\boldsymbol{\mu}$ 叠加噪声，其中 τ 是噪声精度，其在各个方向上大小相等。假设所有分布都是高斯分布，先使用最大似然估计来确定 $\boldsymbol{W}$ 和 $\boldsymbol{\mu}$，然后通过取极限 $\tau\rightarrow\infty$，就可以得到标准的主成分分析模型[5]。

2. 高斯混合模型(Gaussian mixture model，GMM)

如图 3.3(b)所示，该高斯混合模型有 K 个模态，可以用一个 K 维的隐指示变量表示，该变量服从分类分布，其概率(即混合权重)由 θ 给出。每个模态都有自己的均值 $\boldsymbol{\mu}$ 和方差 $\boldsymbol{\Sigma}$。对于其他类型的混合模型，区别在于定义 K 个模态的参数类型。

P. 35

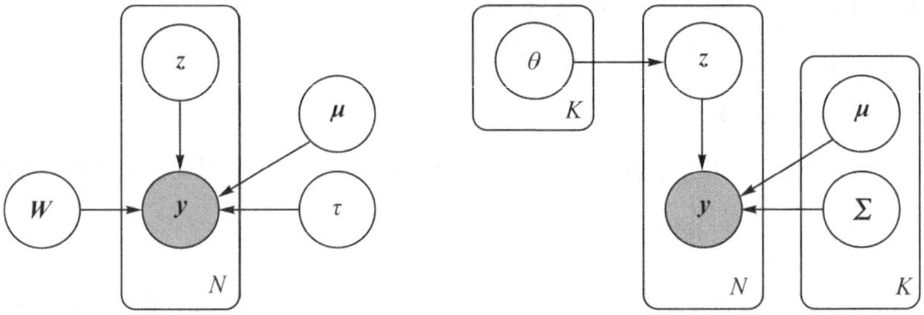

(a) 主成分分析　　(b) 高斯混合模型

图 3.3　传统机器学习算法的概率图模型

在主成分分析模型中，主成分子空间由潜变量 $\boldsymbol{z}$ 表示，该变量并不能直接观测。我们只知道 $\boldsymbol{y}$ 是真值叠加噪声后的观测值，其生成过程为 $\boldsymbol{y}=\boldsymbol{Wz}+\boldsymbol{\mu}+N(0,\tau)$。而在高斯混合模型中，$K$ 个模态中的每一个都对应一组未知的定义参数($\boldsymbol{\mu}$ 和 $\boldsymbol{\Sigma}$)，具体由观测概率为 θ 的潜指示变量 $\boldsymbol{Z}$ 进行选择。

概率图模型可以根据特定的应用需求来设计，也可以在需求变化时随之修改。

3.1.2 概率编程

概率编程是统计建模的基本工具之一，它借鉴了计算机科学和通用编程语言的经验，可以构造出表示和评估推断问题的语言[6]。概率编程将开发人员从繁冗低效的概率推断工作中解放出来，允许他们专注于更具体的待解决问题，如建模和推断方法的选择等。与高级编程语言类似，概率编程可以有效地屏蔽细节结构特征，从而大大提升了系统的性能和效率。

在图 3.4 中，我们将计算机科学、统计学和概率编程进行了比较，阴影框表示信息是可用的。与计算机科学通过给定输入参数并运行程序来获得期望的输出不同，概率编程尝试从程序生成的观测值中反推出这些输入参数，这个过程与统计学中的推断类似。

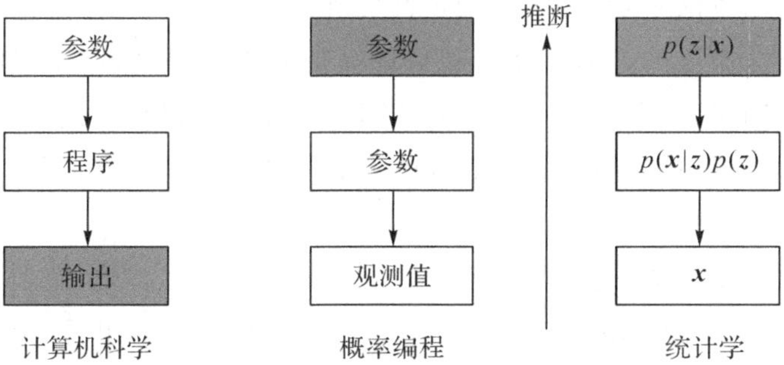

图 3.4　概率编程与常规计算机科学范式的区别

深度学习成功的基石之一是实现专用编程库的开发，它们简化了模型的定义并实现了自动微分，使用户从手动推导最优化梯度的工作中解放出来，最终推动深度学习能够得到广泛应用。如今，我们即使不了解神经网络的基础知识，甚至不了解微积分，也可以尝试运行一个深度学习模型。不过，这并不意味着任何模型都是有用的或有意义的。概率编程的目标与概率机器学习一致[6]，它同样支持我们对新想法进行快速原型设计和测试，这就促进了该领域的蓬勃发展，也推动了相应的行业领域应用。

现代概率编程语言提供了一个比概率图模型更强大的架构。例如，计算机程 P. 36
序可以接受递归和控制流语句，这用其他方法却很难实现[7]。编程语言有很多种，而每种语言都有自己的特定属性：有些语言具有明确的应用限制，仅适用于某种类型的推断技术；而有些语言则是通用的。自 1995 年以来，出现的编程语言主要包括 Pyro[8]、Stan[9]、WebPPL[10]、Infer.NET[11]、PyMC3[12]、Edward[13] 和 BUGS[14] 等。

3.2　近似推断

如上节所述，对于很多实用模型来说，计算其后验分布和边缘分布往往是不切实际的。当分布连续时，封闭的解析解可能并不存在，或者虽然存在但其数值计算非常复杂。而当分布离散时，对所有可能的组合进行求和在原理上是可行的，但如果组合的总数呈指数增长的话，求和会很难实现。在这种情况下，我们有两种选择：一是逐步简化模型直到可以进行精确推断；二是在原始模型的基础上进行近似推断。关于这个问题，约翰·图基(John Tukey)[15]曾说过："宁可对模糊而难以描述的正确问题求近似解，也强过对清晰描述的错误问题追求精确解。"

近似推断的方法主要有两类：确定性的和随机性的。后者依赖于蒙特卡罗抽样来逼近给定分布上的近似期望。如果计算资源不受限制，那么蒙特卡罗抽样会收敛到精确的结果，但在实践中抽样的计算成本可能会很高。此外，确定性近似推断由后验分布的解析结果近似组成，因而无法得到精确的结果。所以，这两种方法是互补的。

本节将讨论变分法，它属于确定性的近似推断方法。首先，我们从最具代表性的变分推断(variational inference，VI)开始；随后，我们会提出另一种变分架构，名为期望传播(expectation propagation，EP)。

3.2.1 变分推断

变分推断、变分贝叶斯(variational Bayes，VB)和变分贝叶斯推断(variational Bayesian inference，VBI)是同一算法的不同称谓，其作用是构造后验分布的确定性解析近似。因此，它非常适合处理大型数据集，并能够进行多个模型的快速测试[16]。同其他贝叶斯方法一样，变分推断通过概率分布来描述变量的全部可用信息。图 3.5 描绘了变分推断的工作原理：给定一个差异度量 D，通过不断迭代从变分分布族 Q 中找到最优的近似分布 q^*。变分后验分布 q 能够实现最优的近似分布 q^*，其可以使差异度量($D_{KL}(q(\boldsymbol{z}|\boldsymbol{x}) \parallel p(\boldsymbol{z}|\boldsymbol{x}))$)最小。

P.37

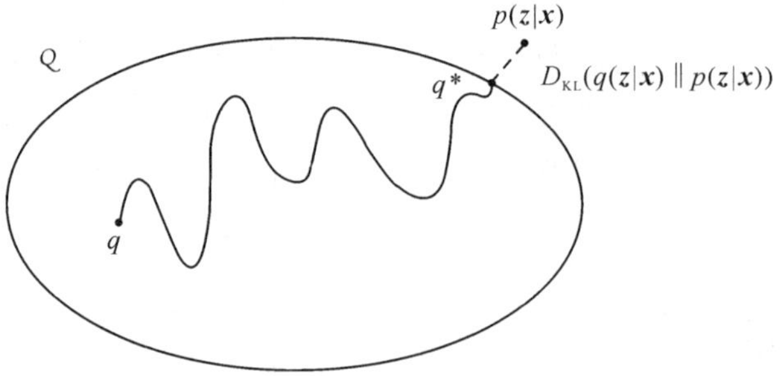

图 3.5　不包含真实后验分布 $p(\boldsymbol{z}|\boldsymbol{x})$ 的分布族 Q 中的变分推断过程示意图

变分推断借用了变分计算的名字。常规微积分侧重于计算函数的极大值、极小值和导数，而变分微积分则侧重于计算泛函，它们大都是函数的函数。变分法可以通过推断来解决那些能够被视为函数优化的问题。变分推断可以找到一个函数，即近似分布 q，使得差异度量 D 最小。

3.2.1.1　证据下界

假设存在一个模型，其观测变量 $\boldsymbol{X}$ 和潜变量 $\boldsymbol{Z}$ 的联合分布为 $p(\boldsymbol{x},\boldsymbol{z})$。在贝叶斯方法中，我们通常希望计算其后验分布 $p(\boldsymbol{z}|\boldsymbol{x})$，这会非常困难。考虑一个近似分布族$Q$，其潜变量的处理密度为 p，我们试图通过下式从Q中找到在 KL 散度意义上最接近精确后验的近似分布 q^*，即

$$q^*(\boldsymbol{z}|\boldsymbol{x}) = \underset{q\in Q}{\operatorname{argmin}} D_{\mathrm{KL}}(q(\boldsymbol{z}|\boldsymbol{x}) \parallel p(\boldsymbol{z}|\boldsymbol{x})) \tag{3.3}$$

式中

$$D_{\mathrm{KL}}(q \parallel p) = \int q(\varepsilon)\log\frac{q(\varepsilon)}{p(\varepsilon)}\mathrm{d}\varepsilon \tag{3.4}$$

直接最小化 KL 散度是不可能的，因为它需要真实后验的对数 $\log p(\boldsymbol{z}|\boldsymbol{x})$，而对数证据 $\log p(\boldsymbol{x})$假设是难以处理的。为去掉该项，我们进行一些代数运算，可得 P. 38

$$\begin{aligned} D_{\mathrm{KL}}(q(\boldsymbol{z}|\boldsymbol{x}) \parallel p(\boldsymbol{z}|\boldsymbol{x})) &= \int q(\boldsymbol{z}|\boldsymbol{x})\log\left(\frac{q(\boldsymbol{z}|\boldsymbol{x})}{p(\boldsymbol{z}|\boldsymbol{x})}\right)\mathrm{d}\boldsymbol{z} \\ &= -\int q(\boldsymbol{z}|\boldsymbol{x})\log\left(\frac{p(\boldsymbol{x},\boldsymbol{z})}{p(\boldsymbol{x})q(\boldsymbol{z}|\boldsymbol{x})}\right)\mathrm{d}\boldsymbol{z} \\ &= -\left[\int q(\boldsymbol{z}|\boldsymbol{x})\log\left(\frac{p(\boldsymbol{x},\boldsymbol{z})}{q(\boldsymbol{z}|\boldsymbol{x})}\right)\mathrm{d}\boldsymbol{z} - \int q(\boldsymbol{z}|\boldsymbol{x})\log p(\boldsymbol{x})\mathrm{d}\boldsymbol{z}\right] \\ &= -\int q(\boldsymbol{z}|\boldsymbol{x})\log\left(\frac{p(\boldsymbol{x},\boldsymbol{z})}{q(\boldsymbol{z}|\boldsymbol{x})}\right)\mathrm{d}\boldsymbol{z} + \log p(\boldsymbol{x})\int q(\boldsymbol{z}|\boldsymbol{x})\mathrm{d}\boldsymbol{z} \\ &= -E_q\left[\log\left(\frac{p(\boldsymbol{x},\boldsymbol{z})}{q(\boldsymbol{z}|\boldsymbol{x})}\right)\right] + \log p(\boldsymbol{x}) \end{aligned} \tag{3.5}$$

重组最后一个等式，可得

$$\log p(\boldsymbol{x}) = E_q\left[\log\left(\frac{p(\boldsymbol{x},\boldsymbol{z})}{q(\boldsymbol{z}|\boldsymbol{x})}\right)\right] + D_{\mathrm{KL}}(q(\boldsymbol{z}|\boldsymbol{x}) \parallel p(\boldsymbol{z}|\boldsymbol{x})) \tag{3.6}$$

考虑到 $D_{\mathrm{KL}}(q \parallel p) \geqslant 0$，可得式(3.6)右侧的第一项必然是 $\log p(\boldsymbol{x})$的下界，因此它被命名为证据下界(evidence lower bound, ELBO)。由此可以引出一个非常重要的结论：由于模型证据 $\log p(x)$是固定不变的，因此通过最大化证据下界求 $\boldsymbol{x}$，等同于最小化 $D_{\mathrm{KL}}(q \parallel p)$，这就是我们最初想要求解的优化问题。等价处理后的求解十分方便，因为式(3.6)的右侧并不包含棘手的对数证据项，而 $\log p(\boldsymbol{x},\boldsymbol{z})$被

分解为对数似然 $\log p(\boldsymbol{x}|\boldsymbol{z})$ 和对数先验 $\log p(\boldsymbol{z})$ ，这些都很好处理。

或者，我们也可以通过应用针对凹函数的詹森不等式（Jensen's inequality）$E(f(\boldsymbol{x}))\leqslant f(E(\boldsymbol{x}))$，来得到与式(3.6)相同的证据下界。计算方式如下：

$$\begin{aligned}\log p(\boldsymbol{x}) &= \log\int p(\boldsymbol{x},\boldsymbol{z})\mathrm{d}\boldsymbol{z} \\ &= \log\int p(\boldsymbol{x},\boldsymbol{z})\ \frac{p(\boldsymbol{z}\,|\boldsymbol{x})}{q(\boldsymbol{z}\,|\boldsymbol{x})}\mathrm{d}\boldsymbol{z} \\ &= \log E_q\left[\frac{p(\boldsymbol{x},\boldsymbol{z})}{q(\boldsymbol{z}\,|\boldsymbol{x})}\right] \\ &\geqslant E_q\left[\log\left(\frac{p(\boldsymbol{x},\boldsymbol{z})}{q(\boldsymbol{z}\,|\boldsymbol{x})}\right)\right]\end{aligned} \tag{3.7}$$

通过与式(3.6)进行比较，可以发现式(3.7)左右两侧的差正好是 KL 散度，如图 3.6 所示。图 3.6 清晰地说明了最小化 $D_{\mathrm{KL}}(q(\boldsymbol{z}\mid\boldsymbol{x})\parallel p(\boldsymbol{z}\mid\boldsymbol{x}))$ 与最大化 $B_{\mathrm{ELBO}}(q)$ 是等价的。

P. 39

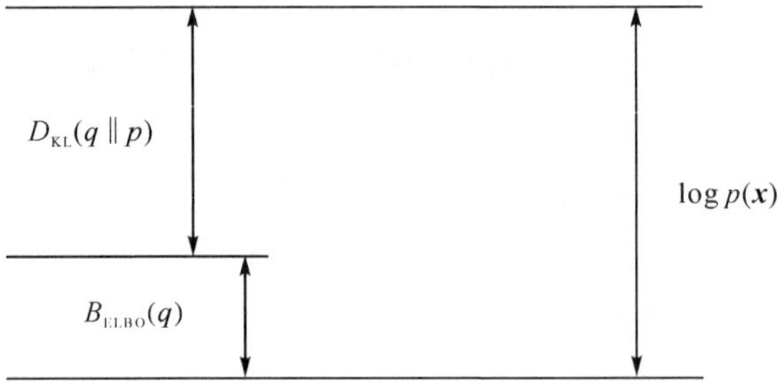

图 3.6 边缘对数概率 $\log p(\boldsymbol{x})$ 分解为 $B_{\mathrm{ELBO}}(q)$ 和 $D_{\mathrm{KL}}(q\parallel p)$

我们可以将证据下界重组为更易于理解的形式：

$$\begin{aligned}B_{\mathrm{ELBO}}(q) &= E_q[\log p(\boldsymbol{x},\boldsymbol{z})]-E_q[\log q(\boldsymbol{z}\,|\boldsymbol{x})] \\ &= E_q[\log p(\boldsymbol{x}\mid\boldsymbol{z})+\log p(\boldsymbol{z})]-E_q[\log q(\boldsymbol{z}\,|\boldsymbol{x})] \\ &= E_q[\log p(\boldsymbol{x}\,|\boldsymbol{z})]-D_{\mathrm{KL}}(q(\boldsymbol{z}\,|\boldsymbol{x})\parallel p(\boldsymbol{z}))\end{aligned} \tag{3.8}$$

第一项表示在近似后验 $q(\boldsymbol{z}\mid\boldsymbol{x})$ 下的期望对数似然，第二项表示 $q(\boldsymbol{z}\mid\boldsymbol{x})$ 和先验 $p(\boldsymbol{z})$ 之间的负散度。当最大化证据下界时，前者推动近似分布趋向于更好地解释数据，而后者作为正则化器将迫使近似分布趋向于先验分布 $p(\boldsymbol{z})$ 。

证据下界还与统计物理学中的变分自由能 $\widetilde{F}$ 紧密相关：

$$\begin{aligned}B_{\mathrm{ELBO}}(q) &= E_q[\log p(\boldsymbol{x},\boldsymbol{z})]-E_q[\log q(\boldsymbol{z}\mid\boldsymbol{x})] \\ &= E_q[\log p(\boldsymbol{x},\boldsymbol{z})]+H[q]\end{aligned} \tag{3.9}$$

$$\begin{aligned}\widetilde{F}(q) &= -E_q[\log p(\boldsymbol{x},\boldsymbol{z})] - H[q] \\ &= -B_{\mathrm{ELBO}}(q)\end{aligned} \tag{3.10}$$

式中，$-E_q[\log p(\boldsymbol{x},\boldsymbol{z})]$ 是分布 $q(\boldsymbol{z} \mid \boldsymbol{x})$ 的能量函数的均值；$H[q]$ 是 $q(\boldsymbol{z} \mid \boldsymbol{x})$ 的熵[17]。事实上，正是由于变分自由能架构在统计学中的应用，才促成了变分推断的诞生。

式(3.9)中 $E_q[\log p(\boldsymbol{x},\boldsymbol{z})]$ 的最优解 q 对应于 p 的最大后验估计，此时对数联合概率 $\log p(\boldsymbol{x},\boldsymbol{z})$ 达到最大，而 $H[q]$ 却会倾向于离散分布。解决方法就是在二者之间折中。

3.2.1.2　信息论视角下的证据下界

从本质上讲，率失真理论(rate-distortion theory)实现了数据压缩和信息失真 P. 40
之间的折中[18]，其中的比率表示传输每个样本数据所需要的平均比特数。理想情况下，人们希望可以最大程度地压缩数据，使得数据的表示尽量紧凑从而降低比率，同时保留所有相关信息，使重建信号没有失真。然而，压缩与保真却是两个相互制约的目标。

聚类算法可以从率失真的视角来形象理解。在 K-means 聚类中[19]，比率与质心的数量有关，而失真度可以由原始数据点与其所属聚类质心之间的误差平方和来度量。

率失真理论认为，对于任意给定的最大失真度 D，都存在一个最小可达的比率 R。因此，对于输入的随机变量 $\boldsymbol{X}$ 和输出的压缩量 $\boldsymbol{Z}$，有

$$\begin{aligned} R(D) &= \underset{q(\boldsymbol{z}|\boldsymbol{x})}{\operatorname{argmin}} I(\boldsymbol{X};\boldsymbol{Z}) \\ &\text{s.t. } E_{p(\boldsymbol{x})}[E_q[d(\boldsymbol{Z},\boldsymbol{X})]] < D \end{aligned} \tag{3.11}$$

式中，$d(\cdot,\cdot)$ 为失真度(如 K-means 中的误差平方和)；$I(\boldsymbol{X};\boldsymbol{Z})$ 为互信息；$q(\boldsymbol{z}|\boldsymbol{x})$ 为我们希望优化的信道。

2.3.4 节介绍过，随机变量 $\boldsymbol{X}$ 和 $\boldsymbol{Z}$ 之间的互信息 $I(\boldsymbol{X};\boldsymbol{Z})$ 量化了它们之间的依赖性，即通过观测其中一个变量，能够得到另一个变量的信息量的大小。直观地讲，式(3.11)的目标是尽可能多地移除 $\boldsymbol{X}$ 中的信息，使其与 $\boldsymbol{Z}$ 独立。

为了使优化问题易于处理，变换 $I(\boldsymbol{X};\boldsymbol{Z})$ 的上界为

$$\begin{aligned} I(\boldsymbol{X};\boldsymbol{Z}) &= D_{\mathrm{KL}}(q(\boldsymbol{z},\boldsymbol{x}) \parallel q(\boldsymbol{z})p(\boldsymbol{x})) \\ &= E_{p(\boldsymbol{x})}[D_{\mathrm{KL}}(q(\boldsymbol{z} \mid \boldsymbol{x}) \parallel m(\boldsymbol{z}))] - D_{\mathrm{KL}}(q(\boldsymbol{z}) \parallel p(\boldsymbol{z})) \\ &\leqslant E_{p(\boldsymbol{x})}[D_{\mathrm{KL}}(q(\boldsymbol{z} \mid \boldsymbol{x}) \parallel m(\boldsymbol{z}))] \end{aligned} \tag{3.12}$$

式中，$q(z)=\int q(\boldsymbol{z},\boldsymbol{x})p(\boldsymbol{x})\mathrm{d}\boldsymbol{x}$ 是诱导边缘分布；$m(z)$ 是 $q(z)$ 的近似分布。不等式来源于 KL 散度的非负性。

对于潜变量模型来说，失真函数的隐式定义为 $d(\boldsymbol{X},\boldsymbol{Z})=-\log p(\boldsymbol{x}\mid \boldsymbol{z})$ 。这种失真是对潜变量 $\boldsymbol{Z}$ 无法完全重建原样本 $\boldsymbol{x}$ 的惩罚。如果进一步将边缘近似分布 $m(\boldsymbol{z})$ 设置为压缩后潜变量 $\boldsymbol{Z}$ 的先验分布 $p(\boldsymbol{z})$ ，则优化问题变成

$$\begin{aligned}&\min_{q(\boldsymbol{z}\mid\boldsymbol{x})}E_{p(\boldsymbol{x})}\left[D_{\mathrm{KL}}(q(\boldsymbol{z}\mid\boldsymbol{x})\parallel p(\boldsymbol{z}))\right]\\&\text{s. t. }\ E_{p(\boldsymbol{x})}\left[E_q[-\log p(\boldsymbol{x}\mid\boldsymbol{z})]\right]<D\end{aligned}\tag{3.13}$$

P. 41 将式(3.13)重写为一个最大化问题，并用其拉格朗日形式来表示，可得

$$\max_{q(\boldsymbol{z}\mid\boldsymbol{x})}E_{p(\boldsymbol{x})}\left[E_q[\log p(\boldsymbol{x}\mid\boldsymbol{z})]-\beta D_{\mathrm{KL}}(q(\boldsymbol{z}\mid\boldsymbol{x})\parallel p(\boldsymbol{z}))\right]\tag{3.14}$$

式中，β 为拉格朗日乘子。

对于经验分布为 $p(d)$ 且 $\beta=1$ 的数据集 $\mathcal{D}=\{\mathcal{X}\}_n$ ，求解式(3.14)等价于最大化式(3.8)中的平均证据下界。因此，我们可以将变分贝叶斯解释为优化率失真函数的上界。$E_q[\log p(\boldsymbol{x}\mid\boldsymbol{z})]$为压缩表示的保真度（即负失真度），KL 为用 $\mathcal{Z}$ 表示 $\mathcal{X}$ 所需的额外比特数。这种关系使得我们能够将成熟的信息理论应用到变分贝叶斯当中。例如，若证据下界存在一个上界，则其值为真实数据分布的熵的负数，即 $-H[p(\boldsymbol{x})]$ 。

3.2.1.3 平均场近似

无论采用哪种推断算法，通常我们都会对近似分布族 $\mathcal{Q}$ 施加约束，从而使问题变得易于解决。$\mathcal{Q}$ 应当尽可能地灵活以便近似真实后验分布，唯一的顾虑是它是否易于处理。分布族越丰富，最优的 $q^*(\boldsymbol{z}\mid\boldsymbol{x})$ 就越接近真实的后验分布 $p(\boldsymbol{z}\mid\boldsymbol{x})$。在某些情况下，如果 $\mathcal{Q}$ 包含了可解析处理的真实后验分布，那么推断算法通常会收敛到明确的分布。

模型分布族的约束方法主要有两种：

(1)使用变分参数集 $\boldsymbol{\Psi}$ 来指定分布 $q(\boldsymbol{z}\mid\boldsymbol{x};\boldsymbol{\Psi})$ 的参数类型。

(2)假设 q 在 $\mathcal{Z}$ 的子集 $\mathcal{Z}_{S_i}$ 上可以因式分解为

$$q(\boldsymbol{z}\mid\boldsymbol{x})=\prod_{i=1}^{M}q_i(\boldsymbol{z}_{S_i}\mid\boldsymbol{x})\tag{3.15}$$

在式(3.15)所示的因式分解形式中，设定每个分区都是一个独立的维度，则称该方法为平均场变分推断(mean-field VI，MFVI)。如图 3.7 所示，平均场近似非常灵活，足以捕获潜变量的任意边缘密度，但受限于独立假设，因此我们无法对它

们之间的相关性进行建模。这个假设是一把双刃剑，有助于实现可扩展的优化计算，但却限制了模型的表达能力。因此，我们还需要其他类型的近似分布族。

P. 42

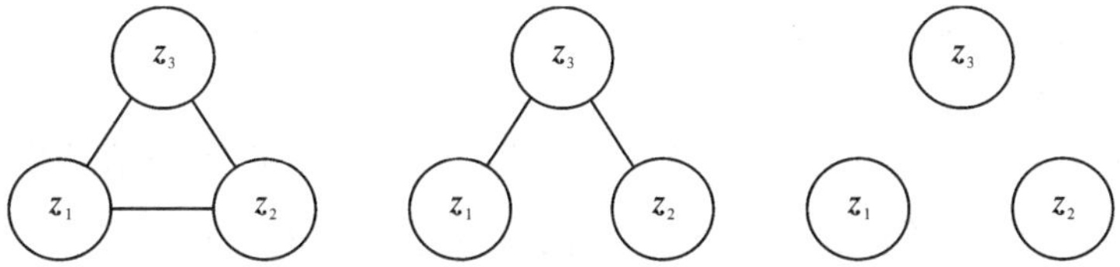

（a）真实后验分布　（b）结构近似分布　（c）全分解近似分布

图 3.7　后验分布不同近似程度的无向图结构

在图 3.7(a)中，真实后验分布中的节点之间都是相互依赖的。在图 3.7(b)中，$\boldsymbol{z}_1$与$\boldsymbol{z}_2$之间是条件独立的，而近似分布保留了它们对$\boldsymbol{z}_3$的依赖性。在图 3.7(c)中，所有节点都是边缘独立的。每一种近似分布都会使分布的表达能力降低，如结构化平均场[20]、丰富的协方差模型[21-22]和归一化流[23]等。

3.2.1.4　坐标上升变分推断

坐标上升变分推断(coordinate ascent VI，CAVI)是一种面向平均场变分推断的算法。为了得到式(3.15)的最优因子 $q_i^*(\boldsymbol{z}_{S_i}|\boldsymbol{x})$，我们可以求解由证据下界和约束条件 $\sum q_i^* = 1$ 构成的拉格朗日方程。然而，我们并没有计算变分，而是采取了一种更加费力的算法，即将式(3.15)代入式(3.9)，并求解(过程见附录 A.2)可得

$$\log q_i^*(\boldsymbol{z}_{S_i}|\boldsymbol{x}) = E_{-j}[\log p(\boldsymbol{x},\boldsymbol{z})] + k \tag{3.16}$$

$$q_i^*(\boldsymbol{z}_{S_i}|\boldsymbol{x}) \propto \exp\{E_{-j}[\log p(\boldsymbol{x},\boldsymbol{z})]\} \tag{3.17}$$

式中，$E_{-j}[\cdot]$ 表示除 S_j 外，Z 中所有集合 S_i 的期望；k 表示常数。

最优因子方程之间的相互依赖性需要采用迭代方法进行计算。在每一步迭代中，依次用修正后的估计值来替换相应的因子，同时保持式(3.17)中的其他因子不变。坐标上升变分推断算法将证据下界提升到了局部最优。另一种优化算法是梯度定向更新，即在每一步迭代中计算并跟踪目标函数相对于因子的梯度。

虽然我们认为所有参数都在潜空间 Z 中，但用于点估计的参数 Θ 同样可能存在，即 $p(\boldsymbol{z} \mid \boldsymbol{x};\Theta)$ 存在。在这种情况下，我们交替执行以下两个步骤：

(1)在每一步迭代中，通过计算式(3.17)中所有 $\boldsymbol{z}_{S_i}$ 的期望来近似后验分布。

(2)重新定义分布 $q^{\text{new}}(\boldsymbol{z} \mid \boldsymbol{x}) = \prod_i q_i^*(\boldsymbol{z}_{S_i}|\boldsymbol{x})$，并求证据下界关于 Θ 的最大值。P. 43

这就是变分最大期望值法，而变分推断可以理解为变分最大期望值法的全贝

叶斯拓展。变分最大期望值法并没有计算参数 Θ 的点估计(最大后验估计,见2.6.3节),而是计算关于 Θ 和 z 的联合分布。

3.2.1.5 随机变分推断

随机变分推断(stochastic VI,SVI)通过对梯度 g 进行噪声估计来优化证据下界[24],因此而得名。随机变分推断在现代机器学习中的应用很广泛,因为它比处理大规模数据集要快得多,尤其是在大规模数据集十分常见的今天。

要使近似有效,必须满足两个条件:

(1)梯度估计器 $\hat{g}$ 应是无偏的,即 $E[\hat{g}]=E[g]$。

(2)用于推动参数向最优方向靠近的步长序列 $\{\alpha_i \mid i \in N\}$(学习速率)应随时间衰减,以满足

$$\sum_{i=0}^{\infty}\alpha_i=\infty \text{ 且 } \sum_{i=0}^{\infty}\alpha_i^2<\infty \tag{3.18}$$

直观上,步长大小的选择首先要考虑算法的搜索能力,即要确保无论初始赋值如何,都可以找到较好的解;其次是要确保算法是有界的,这样它就能够收敛到一个稳定解。

在每一步迭代中,我们并不需要计算式(3.17)中所有 N 个数据点的期望步长,而是计算规模为 n 的均匀采样子集的期望步长。对于新的变分参数,我们观测数据点 N/n 次,将估计更新为前一次估计值和子集最优值的加权平均,并依据式(3.18)来计算其最大化步长(或对全局变分参数求期望)。

理论上讲,根据上述约束条件,随着步长越来越小,优化过程会一直持续下去。然而在实践中,当满足证据下界收敛的停止标准时,优化过程就结束了。

随机变分推断是一种随机优化算法,最初用于完全因子分解近似(例如平均场变分推断)[24],后来被拓展以支持全局变量和局部变量之间具有任意依赖关系的模型[20]。

3.2.1.6 变分推断的问题

尽管变分推断架构被广泛采用,但它同样存在着一些明显的问题。

例如,变分推断仍然局限于条件共轭指数族分布,通过这个指数族才能计算出证据下界的解析形式。对于不属于这个指数族的情况,我们最终得到的分布无法写成可优化的解析表达式形式。3.2.4节将简要介绍解决这个问题的方法。

即使最小化 $D_{KL}(q(\boldsymbol{z} \mid \boldsymbol{x}) \parallel p(\boldsymbol{z} \mid \boldsymbol{x}))$ 和最大化证据下界是等价的优化问题，但 KL 散度的下界为 0，而证据下界根本没有界限。因此，观察 KL 散度离零有多近可以告诉我们近似分布的质量，以及它离真实后验分布有多近。另外，因为证据下界没有可以比较的绝对标尺，所以我们不知道它离真实分布有多远。尽管如此，证据下界是渐近收敛的，因此我们可以使用它来选择模型。 P. 44

当最小化 KL 散度与平均场近似的独立性假设相结合，会使得近似分布与目标分布的某一模态相匹配。此外，这种组合会低估目标密度的边缘方差[16]。

3.2.1.7　变分推断实例

考虑一个一维线性回归问题，其权值服从均值为 μ 和精度为 τ 的高斯先验分布。我们希望推导出观测噪声精度 γ 的边缘后验分布，其中 γ 的先验服从伽马分布。模型可以描述为

$$\Gamma \sim Ga(\gamma; \alpha_0, \beta_0) \tag{3.19}$$

$$W \sim N(w \mid \mu, \tau^{-1}) \tag{3.20}$$

$$Y_i \sim wx_i + N(0, \gamma^{-1}), 1 \leqslant i \leqslant N \tag{3.21}$$

图 3.8 展示了一个线性回归模型，其中 γ 表示观测噪声的精度。观察图 3.8 中的模型及其依赖关系结构，我们可以将联合分布写为

$$p(\gamma, w \mid y_1, \cdots, y_N, \boldsymbol{x}) = p(y_1, \cdots, y_N \mid W, \gamma, \boldsymbol{x}) p(\gamma) p(w) \tag{3.22}$$

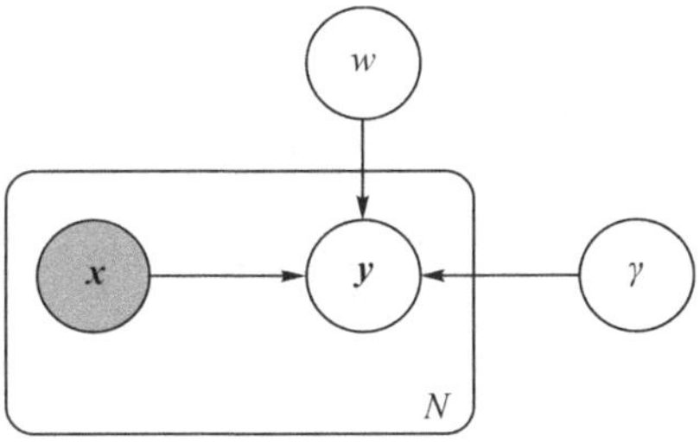

图 3.8　具有 N 个观测值和 1 个权重的线性回归模型

为了应用 3.2.1.4 节介绍的坐标上升变分推断算法，用 $q(\gamma, w) = q(\gamma)q(w)$ 来近似全局变量 w 和 γ 的后验分布 $p(\gamma, w \mid \boldsymbol{y}, \boldsymbol{x})$。我们真正感兴趣的是边缘分布 $q(\gamma)$。 P. 45

由式(3.22)和观测样本 x_i 符合独立同分布(independent and identically distributed，iid)的假设，可得真实后验分布为

$$p(\gamma, w \mid \boldsymbol{y}, \boldsymbol{x}) = \frac{p(\gamma)p(w)}{p(y_1, \cdots, y_N \mid \boldsymbol{x})} \prod_{i=1}^{N} p(y_i \mid w, \gamma, x_i) \tag{3.23}$$

与此同时，γ 的边缘分布为

$$p(\gamma \mid \boldsymbol{y}, \boldsymbol{x}) = \int p(\gamma \mid w, \boldsymbol{y}, \boldsymbol{x}) \mathrm{d}w \tag{3.24}$$

为了得到 $q(w)$，可计算坐标上升变分推断的更新公式，将式(3.22)代入式(3.17)，并将所有与 w 无关的项标记为常量，可得

$$\begin{aligned}
\log q^*(w) &= E_\gamma[\log p(w, \gamma, \boldsymbol{y} \mid \boldsymbol{x})] + k \\
&= E_\gamma[\log p(y_1, \cdots, y_N \mid \boldsymbol{W}, \gamma, \boldsymbol{x})] + E_\gamma[\log p(w)] + E_\gamma[\log p(\gamma)] + k \\
&= E_\gamma[\log N(y_1, \cdots, y_N \mid \boldsymbol{W}^{\mathrm{T}}\boldsymbol{x}, \gamma^{-1})] + E_\gamma[\log N(w \mid \mu, \tau^{-1})] + k \\
&= E_\gamma\left[\frac{1}{2}N\log\gamma - \frac{1}{2}\log 2\pi - \frac{\gamma}{2}(\boldsymbol{y} - w\boldsymbol{x})^{\mathrm{T}}(\boldsymbol{y} - w\boldsymbol{x})\right] + \\
&\quad E_\gamma\left[\frac{1}{2}\log\tau - \frac{1}{2}\log 2\pi - \frac{\tau}{2}(w - \mu)^2\right] + k \\
&= E_\gamma\left[-\frac{\gamma}{2}(\boldsymbol{y} - w\boldsymbol{x})^{\mathrm{T}}(\boldsymbol{y} - w\boldsymbol{x})\right] - \frac{\tau}{2}(w - \mu)^2 + k \\
&= -\frac{1}{2}\{E_\gamma[\gamma][(\boldsymbol{y} - w\boldsymbol{x})^{\mathrm{T}}(\boldsymbol{y} - w\boldsymbol{x})] + \tau(w - \mu)^2\} + k \\
&= -\frac{1}{2}\{E_\gamma[\gamma](w^2\boldsymbol{x}^{\mathrm{T}}\boldsymbol{x} - 2w\boldsymbol{x}^{\mathrm{T}}\boldsymbol{y}) + \tau w^2 - 2\tau w\mu\} + k \\
&= -\frac{1}{2}[(\boldsymbol{x}^{\mathrm{T}}\boldsymbol{x}E_\gamma[\gamma] + \tau)w^2 - 2(\boldsymbol{x}^{\mathrm{T}}\boldsymbol{y}E_\gamma[\gamma] + \tau\mu)w] + k \\
&= -\frac{\boldsymbol{x}^{\mathrm{T}}\boldsymbol{x}E_\gamma[\gamma] + \tau}{2}\left(w^2 - 2\frac{\boldsymbol{x}^{\mathrm{T}}\boldsymbol{y}E_\gamma[\gamma] + \tau\mu}{\boldsymbol{x}^{\mathrm{T}}\boldsymbol{x}E_\gamma[\gamma] + \tau}w\right) + k \\
&= -\frac{\boldsymbol{x}^{\mathrm{T}}\boldsymbol{x}E_\gamma[\gamma] + \tau}{2}\left(w - \frac{\boldsymbol{x}^{\mathrm{T}}\boldsymbol{y}E_\gamma[\gamma] + \tau\mu}{\boldsymbol{x}^{\mathrm{T}}\boldsymbol{x}E_\gamma[\gamma] + \tau}\right)^2 + k
\end{aligned} \tag{3.25}$$

P.46 式中，$\boldsymbol{y} = [y_1, \cdots, y_N]^{\mathrm{T}}$；$\boldsymbol{x} = [x_1, \cdots, x_N]^{\mathrm{T}}$。注意式(3.25)本质上是高斯分布的核函数取对数的结果，由此可得

$$q^*(w) = N\left(w \,\middle|\, \frac{\boldsymbol{x}^{\mathrm{T}}\boldsymbol{y}E_\gamma[\gamma] + \tau\mu}{\boldsymbol{x}^{\mathrm{T}}\boldsymbol{x}E_\gamma[\gamma] + \tau}, (\boldsymbol{x}^{\mathrm{T}}\boldsymbol{x}E_\gamma[\gamma] + \tau)^{-1}\right) \tag{3.26}$$

对 $q(\gamma)$ 进行同样的处理，可得

$$
\begin{aligned}
\log q^{*}(\gamma) &= E_{w}[\log p(\boldsymbol{y} \mid w, \gamma, \boldsymbol{x})] + E_{w}[\log p(\gamma)] + E_{w}[\log p(w)] + k \\
&= E_{w}[\log N(y \mid \boldsymbol{w}^{\mathrm{T}} \boldsymbol{x}, \gamma^{-1})] + E_{w}[Ga(\gamma; \alpha_0, \beta_0)] + k \\
&= \frac{1}{2}\log\gamma - \frac{\gamma}{2} E_{w}[(\boldsymbol{y} - w\boldsymbol{x})^{\mathrm{T}}(\boldsymbol{y} - w\boldsymbol{x})] + \\
&\quad E_{w}[\alpha_0 \log\beta_0 - \log\Gamma(\alpha_0) + (\alpha_0 - 1)\log\gamma - \beta_0\gamma] + k \\
&= \frac{1}{2}\log\gamma - \frac{\gamma}{2} E_{w}[(\boldsymbol{y} - w\boldsymbol{x})^{\mathrm{T}}(\boldsymbol{y} - w\boldsymbol{x})] + (\alpha_0 - 1)\log\gamma - \beta_0\gamma + k \\
&= \left(\frac{1}{2} + \alpha_0 - 1\right)\log\gamma - \left(\frac{1}{2} E_{w}[(\boldsymbol{y} - w\boldsymbol{x})^{\mathrm{T}}(\boldsymbol{y} - w\boldsymbol{x})] + \beta_0\right)\gamma + k
\end{aligned} \tag{3.27}
$$

注意式(3.27)是伽马分布的核函数的对数形式，由此可得

$$
q^{*}(\gamma) = Ga\left(\gamma \mid \alpha_0 + \frac{1}{2}, \frac{1}{2} E_{w}[(\boldsymbol{y} - w\boldsymbol{x})^{\mathrm{T}}(\boldsymbol{y} - w\boldsymbol{x})] + \beta_0\right) \tag{3.28}
$$

坐标上升变分推断算法首先对 $q(w)$ 和 $q(\gamma)$ 的参数进行初始化，例如，先使用它们的先验值，然后交替更新式(3.26)和式(3.28)直到收敛。

3.2.2 假定密度滤波

统计学、人工智能和控制领域分别提出过假定密度滤波（assumed density filtering，ADF）的概念[25]，其核心思想是将模型的联合概率 $p(\boldsymbol{x}, \boldsymbol{z})$ 分解为多个独立因子 $f_i(\boldsymbol{z})$ 的乘积，如式(3.29)所示：

$$
p(\boldsymbol{x}, \boldsymbol{z}) = \prod_{i=1}^{N} f_i(\boldsymbol{z}) \tag{3.29}
$$

$$
p(\boldsymbol{z} \mid \boldsymbol{x}) = \frac{1}{p(\boldsymbol{x})} \prod_{i=1}^{N} f_i(\boldsymbol{z}) \tag{3.30}
$$ P. 47

式中，因子 f_i 对 $\boldsymbol{x}$ 的依赖关系被隐式表示。

这种关于分布可分解的假设非常普遍。例如，对于给定参数的分布，我们经常假设观测数据是独立同分布的，这导致似然项可以因式分解。对于一个图模型，可以根据其结构对分布进行分解，其中每个因子代表一组节点。

如果分别近似每一个因子，且仅在最后将它们全部合并得到 $q^{(N)}(\boldsymbol{z})$，通常会导致较差的全局近似。因此，假定密度滤波首先对所有因子进行排序，然后依据式(3.31)将它们逐个加入当前近似 $q^{(i-1)}(\boldsymbol{z})$：

$$
q_{\mathrm{tilt}}^{(i)}(\boldsymbol{z}) \propto q^{(i-1)}(\boldsymbol{z}) f_i(\boldsymbol{z}) \tag{3.31}
$$

然而，这样会导致 $q_{\mathrm{tilt}}^{(i)}(\boldsymbol{z})$ 发生“细微”偏差，使其不能再用先验所属的初始假定密度族 Q 来表示。因此，我们必须把它投影回 Q 中的一个分布。这个投影是通

过最小化两个分布之间的 KL 散度来实现的，这样就有

$$
\begin{aligned}
q^{(i)}(\boldsymbol{z}) &= \underset{q\in Q}{\operatorname{argmin}} D_{\mathrm{KL}}\left(q_{\mathrm{tilt}}^{(i)}(\boldsymbol{z}) \parallel q(\boldsymbol{z})\right) \\
&= \underset{q\in Q}{\operatorname{argmin}} D_{\mathrm{KL}}\left(\frac{1}{K_i} q^{(i-1)}(\boldsymbol{z}) f_i(\boldsymbol{z}) \parallel q(\boldsymbol{z})\right)
\end{aligned} \tag{3.32}
$$

式中，K_i为归一化常数。

在第 i 次迭代时，$q^{(i)}(\boldsymbol{z})$ 是真实因子 $f_k(\boldsymbol{z})(1 \leqslant k \leqslant i)$ 的乘积的近似值。

3.2.2.1 最小化前向 KL 散度

与 3.2.1 节不同，现在我们使用前向 KL 散度 $D_{\mathrm{KL}}(p \parallel q)$ 来度量近似的质量。参数顺序的改变是不同假定密度滤波（或 3.2.3 节中的期望传播）表现迥异的原因。KL 是散度而不是距离，所以不会保持对称性，而且改变参数顺序会产生一个具有不同性质的函数。

如果近似分布 q 在真实分布 p 的低概率区域分配质量，那么变分推断中的反向 KL 散度 $D_{\mathrm{KL}}(q \parallel p)$ 就会严重惩罚这种行为。将式(3.4)改写为

$$D_{\mathrm{KL}}(q \parallel p) = E_q[\log q(x)] - E_q[\log p(x)] \tag{3.33}$$

P.48 可以看到，在这个区域中，$\log p(x)$快速趋向于$-\infty$。反过来，通过交换式(3.4)和式(3.33)中的 p 和 q，可得

$$D_{\mathrm{KL}}(p \parallel q) = E_p[\log p(x)] - E_p[\log q(x)] \tag{3.34}$$

前向 KL 散度表现出相反的行为：它倾向于将 q 的质量分布在 p 的支撑区域内。为了防止从 $p(x)$中采样时出现 $\log q(x)$趋近于$-\infty$的情况（即 $q(x)$在 $p(x)$有概率的区域却几乎没有质量），要求即使在 p 中概率较低的区域，也必须对 q 分配一定的质量。图 3.9 清晰地说明了不同场景下 KL 散度两种形式的对比。图中实线是两个高斯分布的混合，在最左边的图中，它们的均值属于同一个模态。在另外两幅图中，分布的模态则不尽相同。短单位长度虚线对应的是前向 KL 散度中分布 q 的最佳近似，而长单位长度虚线对应的是反向 KL 散度中的最佳近似。随着 p 的各个模态逐渐分离，$D_{\mathrm{KL}}(q \parallel p)$ 趋向于选择概率较高的模态，而 $D_{\mathrm{KL}}(p \parallel q)$ 则趋向于全局均值。

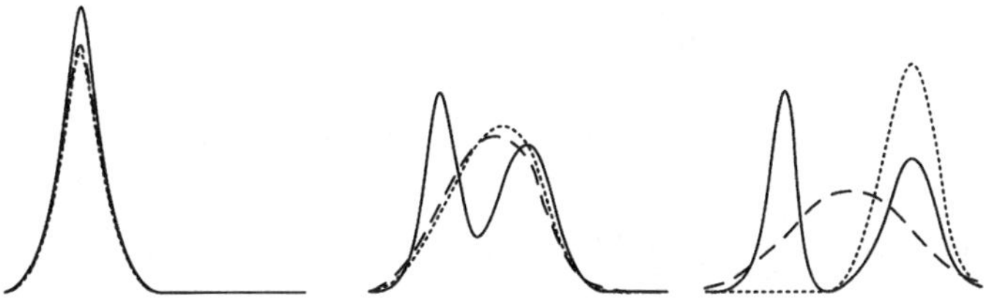

图 3.9　不同场景下 KL 散度两种形式的对比

3.2.2.2　指数族下的矩匹配

后验分布必须易于处理才能有效计算，所以我们进一步限定 q_i 属于指数族：

$$q_i(\boldsymbol{z}) = h(\boldsymbol{z})g(\boldsymbol{\eta})\exp(\boldsymbol{\eta}^{\mathrm{T}}\boldsymbol{u}(\boldsymbol{z})) \tag{3.35}$$

式中，$\boldsymbol{\eta}^{\mathrm{T}}$ 是指数族的自然参数；$\boldsymbol{u}(\boldsymbol{z})$ 是充分统计量；$g(\boldsymbol{\eta})$ 是归一化函数；$h(\boldsymbol{z}) > 0$ 是承载函数。

然后，前向 KL 散度减小为

P. 49

$$\begin{aligned} D_{\mathrm{KL}}(p \| q) &= \int p(\boldsymbol{z})\log p(\boldsymbol{z})\mathrm{d}\boldsymbol{z} - \int p(\boldsymbol{z})\log q(\boldsymbol{z})\mathrm{d}\boldsymbol{z} \\ &= \int p(\boldsymbol{z})\log p(\boldsymbol{z})\mathrm{d}\boldsymbol{z} - \int p(\boldsymbol{z})\log\Big(h(\boldsymbol{z})g(\boldsymbol{\eta})\exp(\boldsymbol{\eta}^{\mathrm{T}}\boldsymbol{u}(\boldsymbol{z}))\mathrm{d}\boldsymbol{z}\Big) \\ &= \int p(\boldsymbol{z})\log p(\boldsymbol{z})\mathrm{d}\boldsymbol{z} - \Big(E_p[h(\boldsymbol{z})] + \log g(\boldsymbol{\eta}) + \boldsymbol{\eta}^{\mathrm{T}}E_p[\boldsymbol{u}(\boldsymbol{z})]\Big) \end{aligned} \tag{3.36}$$

我们感兴趣的是找到自然参数 $\boldsymbol{\eta}$ 来限定分布，使得在假设的指数族中的 KL 散度最小。因此，我们设

$$\begin{aligned} &\nabla_{\boldsymbol{\eta}} D_{\mathrm{KL}}(p \| q) = 0 \\ &\Rightarrow \nabla_{\boldsymbol{\eta}}\Big\{\int p(\boldsymbol{z})\log p(\boldsymbol{z})\mathrm{d}\boldsymbol{z} - \Big(E_p[h(\boldsymbol{z})] + \log g(\boldsymbol{\eta}) + \boldsymbol{\eta}^{\mathrm{T}}E_p[\boldsymbol{u}(\boldsymbol{z})]\Big)\Big\} = 0 \\ &\Rightarrow -\nabla_{\boldsymbol{\eta}}\log g(\boldsymbol{\eta}) - E_p[\boldsymbol{u}(\boldsymbol{z})] = 0 \\ &\Rightarrow \nabla_{\boldsymbol{\eta}}\log g(\boldsymbol{\eta}) = -E_p[\boldsymbol{u}(\boldsymbol{z})] \end{aligned} \tag{3.37}$$

因为归一化分布的和必然为 1，所以可得指数族的一般性结果：

$$
\begin{aligned}
\nabla_{\boldsymbol{\eta}} 1 &= \nabla_{\boldsymbol{\eta}} \left(\int h(\boldsymbol{z}) g(\boldsymbol{\eta}) \exp(\boldsymbol{\eta}^{\mathrm{T}} \boldsymbol{u}(\boldsymbol{z})) \mathrm{d}\boldsymbol{z} \right) \\
\Rightarrow 0 &= \int h(\boldsymbol{z}) \exp(\boldsymbol{\eta}^{\mathrm{T}} \boldsymbol{u}(\boldsymbol{z})) \mathrm{d}\boldsymbol{z} \, \nabla_{\boldsymbol{\eta}} g(\boldsymbol{\eta}) + \int \boldsymbol{u}(\boldsymbol{z}) h(\boldsymbol{z}) g(\boldsymbol{\eta}) \exp(\boldsymbol{\eta}^{\mathrm{T}} \boldsymbol{u}(\boldsymbol{z})) \mathrm{d}\boldsymbol{z} \\
\Rightarrow 0 &= \nabla_{\boldsymbol{\eta}} g(\boldsymbol{\eta}) \frac{1}{g(\boldsymbol{\eta})} \int g(\boldsymbol{\eta}) h(\boldsymbol{z}) \exp(\boldsymbol{\eta}^{\mathrm{T}} \boldsymbol{u}(\boldsymbol{z})) \mathrm{d}\boldsymbol{z} + \int \boldsymbol{u}(\boldsymbol{z}) q_i(\boldsymbol{z}) \mathrm{d}\boldsymbol{z} \\
\Rightarrow 0 &= \frac{1}{g(\boldsymbol{\eta})} \nabla_{\boldsymbol{\eta}} g(\boldsymbol{\eta}) \int q_i(\boldsymbol{z}) \mathrm{d}\boldsymbol{z} + E_q[\boldsymbol{u}(\boldsymbol{z})] \\
\Rightarrow 0 &= \frac{1}{g(\boldsymbol{\eta})} \nabla_{\boldsymbol{\eta}} g(\boldsymbol{\eta}) + E_q[\boldsymbol{u}(\boldsymbol{z})] \\
\Rightarrow 0 &= \nabla_{\boldsymbol{\eta}} \log g(\boldsymbol{\eta}) + E_q[\boldsymbol{u}(\boldsymbol{z})]
\end{aligned}
\tag{3.38}
$$

关系式(3.38)意味着我们可以通过求负对数配分函数关于 $\boldsymbol{\eta}$ 的导数来计算各阶矩。将式(3.37)代入式(3.38)，可得

$$E_q[\boldsymbol{u}(\boldsymbol{z})] = E_p[\boldsymbol{u}(\boldsymbol{z})] \tag{3.39}$$

P.50 上式意味着，当使用指数族中的一个分布近似任意分布时，我们应该匹配其充分统计量 $\boldsymbol{u}(\boldsymbol{z})$ 的期望，例如，单变量高斯分布的一阶矩 $\boldsymbol{z}$ 和二阶矩 $\boldsymbol{z}^2$。因此，这一切都归结为在每次加入真实因子并进行迭代时，将当前近似分布的矩与倾斜分布对应的矩进行匹配。为了计算这些矩，我们对式(3.38)进行了深入探索。

例如，如果考虑一个高斯后验近似分布 $N(\boldsymbol{z};\boldsymbol{\mu},\boldsymbol{\Sigma})$，则分布 $q^{(1)}$ 应当选择参数 μ_i、Σ_i 和 K_i，具体如下：

$$\mu_i = E_{q^{(i-1)} f_i}[\boldsymbol{z}] \tag{3.40}$$

$$\Sigma_i = \mathrm{Cov}_{q^{(i-1)} f_i}[\boldsymbol{z}] \tag{3.41}$$

$$\int q^{(i)}(\boldsymbol{z}) \mathrm{d}\boldsymbol{z} = \frac{1}{K_i} \int q^{(i-1)}(\boldsymbol{z}) f_i(\boldsymbol{z}) \mathrm{d}\boldsymbol{z} = 1 \tag{3.42}$$

式中，$q^{(i-1)} f_i$ 是式(3.31)定义的倾斜分布 $q_{\mathrm{tilt}}^{(i)}$ 的未标准化版本。

3.2.2.3 假定密度滤波的问题

尽管假定密度滤波的序贯近似法比单独近似每个因子更好，但它受因子顺序的影响很大。如果第一个因子就得到了一个不理想的近似，那么假定密度滤波最终会得到一个不准确的后验估计。我们可以通过修正初始近似并有效地循环所有因子来缓解这个问题，但代价是失去了该方法原有的在线更新特性。

与假定密度滤波相似的是，近似分布的方差既受到分布进行因式分解需要满足独立性假设的影响，也受到前向 KL 散度质量扩散特性的影响。此外，与假定密度滤波不同的是，由于假定密度滤波会高估边缘方差，因而估计的不确定性和可变

性会比真实后验更大。在选择不同的变分法来解决特定问题时，应当考虑高估方差带来的影响。

3.2.2.4　假定密度滤波实例

考虑以下的线性回归问题，其模型由式(3.43)至式(3.46)确定：

$$\Gamma \sim Ga(\gamma;\alpha_0,\beta_0) \tag{3.43}$$

$$W \sim N(w\,|\,\mu,\tau^{-1}) \tag{3.44}$$

$$Y_i \sim Wx_i + N(0,\gamma^{-1}),1 \leqslant i \leqslant N \tag{3.45}$$ P.51

$$p(\gamma,w\,|\,\boldsymbol{y},\boldsymbol{x}) = \frac{p(\gamma)p(w)}{p(\boldsymbol{y}\,|\,\boldsymbol{x})}\prod_{i=1}^{N}p(y_i\,|\,w,\gamma,x_i) \tag{3.46}$$

这里使用假定密度滤波算法来近似边缘后验 $p(\gamma\,|\,\boldsymbol{y},\boldsymbol{x})$，即

$$\begin{aligned} p(\gamma\,|\,\boldsymbol{y},\boldsymbol{x}) &= p(\gamma,w\,|\,\boldsymbol{y},\boldsymbol{x})\mathrm{d}w \\ &= \frac{p(\gamma)}{p(\boldsymbol{y}\,|\,\boldsymbol{x})}\prod_{i=1}^{N}\int p(y_i\,|\,w,\gamma;x_i)p(w)\mathrm{d}w \\ &= \frac{p(\gamma)}{p(\boldsymbol{y}\,|\,\boldsymbol{x})}\prod_{i=1}^{N}p(y_i\,|\,\gamma;x_i) \end{aligned} \tag{3.47}$$

式中，独立观测量 Y_i 的似然项 $p(y_i\,|\,\gamma;x_i)$ 为

$$\begin{aligned} p(y_i\,|\,\gamma;x_i) &= \int p(y_i\,|\,w,\gamma,x_i)p(w)\mathrm{d}w \\ &= \int N(y_i\,|\,wx_i,\gamma^{-1})N(w;\mu,\tau^{-1})\mathrm{d}w \\ &= N(y_i;x_i\mu,\tau^{-1}x_i^2+\gamma^{-1}) \end{aligned} \tag{3.48}$$

现在有 N 个似然因子需要加入，选择 γ 来得到一个伽马先验分布，用以约束近似后验分布 $q(\gamma)$，使其服从伽马分布。所以最初的后验分布为

$$q(\gamma) = Ga(\gamma\,|\,\alpha,\beta),\ 且\ \alpha = \alpha_0,\beta = \beta_0 \tag{3.49}$$

接下来，将式(3.48)的似然因子加入到 $q(\gamma)$ 中。在加入似然因子 $p(y_i\,|\,\gamma;x_i)$ 后，分布 $s(\gamma)$ 发生的位移为

$$\begin{aligned} s(\gamma) &\propto Ga(\gamma\,|\,\alpha,\beta)N(y_i;x_i\mu,\tau^{-1}x_i^2+\gamma^{-1}) \\ &\propto [\gamma^{\alpha-1}\exp\{-\beta\gamma\}]\left[(\tau^{-1}x_i^2+\gamma^{-1})^{-1/2}\exp\left\{-\frac{(y_i-x_i\mu)^2}{2(\tau^{-1}x_i^2+\gamma^{-1})}\right\}\right] \end{aligned} \tag{3.50}$$

注意，我们不仅不能将 $s(\gamma)$ 写为近似分布 $q(\gamma)$ 建立的伽马分布的函数形式，而且还必须将 $s(\gamma)$ 投影回所假设的分布族。因此，我们计算出负责匹配矩的更新 P.52
方程。在偏移分布下，γ 的充分统计量没有封闭形式，所以我们仅匹配其一阶矩和

二阶矩。

在匹配矩之前，我们先计算需要用到的归一化常数 K：

$$
\begin{aligned}
K &= \int Ga(\gamma \mid \alpha,\beta) p(y_i \mid \gamma; x_i) \mathrm{d}\gamma \\
&= \int Ga(\gamma \mid \alpha,\beta) p(y_i \mid z_i,\gamma; x_i) p(z_i \mid w; x_i) \mathrm{d}z_i \mathrm{d}\gamma \\
&= \int Ga(\gamma \mid \alpha,\beta) N(y_i \mid z_i,\gamma^{-1}) N(z_i \mid x_i\mu, x^2\tau^{-1}) \mathrm{d}z_i \mathrm{d}\gamma \\
&= \int T_{2\alpha}(y_i \mid z_i,\beta/\alpha) N(z_i \mid x_i\mu, x^2\tau^{-1}) \mathrm{d}z_i \\
&\approx \int N(y_i \mid x_i\mu, x_i^2 + \beta/(\alpha-1)) N(z_i \mid x_i\mu, x^2\tau^{-1}) \mathrm{d}z_i \\
&= N(y_i \mid x_i\mu, x_i^2\tau^{-1} + \beta/(\alpha-1))
\end{aligned}
\tag{3.51}
$$

上式的推导应用了一个事实，即当对服从高斯分布的观测量 Y_i 进行边缘化处理，其精度 γ 服从伽马分布时，结果是一个学生 t 分布 T，如式(A. 34)所示。然后我们用一个均值和方差相同的高斯分布来近似分布 T。注意，归一化常数 K 取决于 α 和 β，因此我们将 K 写为 $K_{\alpha,\beta}$。

将式(3.50)中的高斯项记为 $g(\gamma)$，在偏移分布 s 下，γ 的一阶矩为

$$
\begin{aligned}
E_s[\gamma] &= \int \frac{1}{K_{\alpha,\beta}} \gamma Ga(\gamma \mid \alpha,\beta) g(\gamma) \mathrm{d}w \mathrm{d}\gamma \\
&= \frac{1}{K_{\alpha,\beta}} \int \gamma \frac{\beta^\alpha}{\Gamma(\alpha)} \gamma^{\alpha-1} \mathrm{e}^{-\beta\gamma} g(\gamma) \mathrm{d}w \mathrm{d}\gamma \\
&= \frac{1}{K_{\alpha,\beta}} \int \frac{\Gamma(\alpha+1)}{\beta\Gamma(\alpha)} \frac{\beta^{\alpha+1}}{\Gamma(\alpha+1)} \gamma^{(\alpha+1)-1} \mathrm{e}^{-\beta\gamma} g(\gamma) \mathrm{d}w \mathrm{d}\gamma \\
&= \frac{1}{K_{\alpha,\beta}} \frac{\alpha}{\beta} \int Ga(\gamma \mid \alpha+1,\beta) g(\gamma) \mathrm{d}w \mathrm{d}\gamma \\
&= \frac{K_{\alpha+1,\beta}}{K_{\alpha,\beta}} \frac{\alpha}{\beta}
\end{aligned}
\tag{3.52}
$$

P. 53 采用类似的处理方法，可以得到 γ 的二阶矩为

$$
\begin{aligned}
E_s[\gamma^2] &= \int K^{-1} \gamma^2 Ga(\gamma \mid \alpha,\beta) g(\gamma) \mathrm{d}w \mathrm{d}\gamma \\
&= \int \frac{\lambda^2}{K_{\alpha,\beta}} \frac{\Gamma(\alpha+2)}{\beta^2\Gamma(\alpha)} \frac{\beta^{\alpha+2}}{\Gamma(\alpha+2)} \gamma^{(\alpha+2)-1} \mathrm{e}^{-\beta\gamma} \mathrm{d}w \mathrm{d}\gamma \\
&= \frac{1}{K_{\alpha,\beta}} \frac{\alpha(\alpha+1)}{\beta^2} \int Ga(\gamma \mid \alpha+1,\beta) g(\gamma) \mathrm{d}w \mathrm{d}\gamma \\
&= \frac{K_{\alpha+2,\beta}}{K_{\alpha,\beta}} \frac{\alpha(\alpha+1)}{\beta^2}
\end{aligned}
\tag{3.53}
$$

根据伽马分布的均值和方差公式，可以写为

$$E_s[\gamma] = \frac{\alpha_{\text{new}}}{\beta_{\text{new}}} = \frac{K_{\alpha+1,\beta}}{K_{\alpha,\beta}}\frac{\alpha}{\beta} \tag{3.54}$$

$$\text{Var}_s(\gamma) = \frac{\alpha_{\text{new}}}{\beta_{\text{new}}^2} = \frac{K_{\alpha+2,\beta}}{K_{\alpha,\beta}}\frac{\alpha(\alpha+1)}{\beta^2} \tag{3.55}$$

求解系统方程组，可以得到 α_{new} 和 β_{new} ：

$$\alpha_{\text{new}} = \left[\frac{K_{\alpha,\beta}K_{\alpha+2,\beta}}{K_{\alpha+1,\beta}}\frac{\alpha+1}{\alpha} - 1\right]^{-1} \tag{3.56}$$

$$\beta_{\text{new}} = \left[\frac{K_{\alpha+2,\beta}}{K_{\alpha+1,\beta}}\frac{\alpha+1}{\beta} - \frac{K_{\alpha+1,\beta}}{K_{\alpha,\beta}}\frac{\alpha}{\beta}\right]^{-1} \tag{3.57}$$

综上所述，算法从计算式(3.49)中的先验分布开始，然后对每个似然因子应用一次式(3.56)和式(3.57)，式中归一化常数 K 服从式(3.51)。

文献[25]给出了一个应用实例，作者使用假定密度滤波将高斯混合后验分布投影到单一高斯分布上，从而实现了高维杂波背景下目标数据的有效提取。

3.2.3　期望传播

如前节所述，假定密度滤波的缺陷之一是对因子的顺序比较敏感。在批处理场景中，所有因子都是可用的，因此在修正近似时，若每个因子只用一次而不是重复利用是不合理的。然而，直接循环一个因子 n 次会导致在近似分布中加入该因子 n 次而不是 1 次，这将人为地积累证据，使似然集中在一个孤点周围，直到后验坍缩为一个点。如图 3.10 所示，从最淡的阴影曲线开始，持续加入相同的原始因子，将导致分布集中在其模态周围，并逐渐坍缩到一个孤点，最终变成狄拉克(Dirac)分布，这是非常不理想的。 P.54

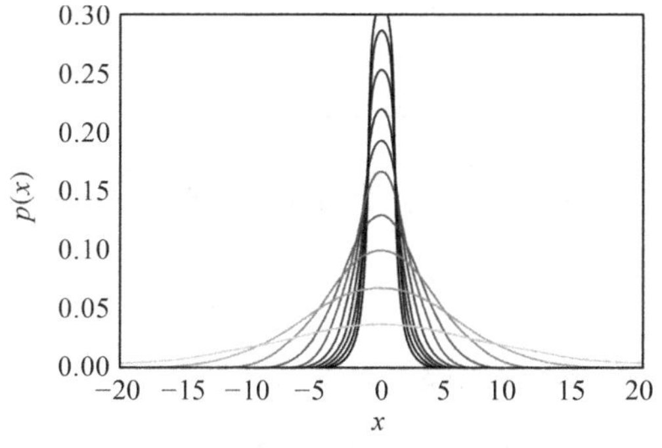

图 3.10　加入不同数量原始因子的分布示意图

3.2.3.1 将假定密度滤波重构为近似因子的乘积

期望传播将假定密度滤波重新解释为求每个新的真实因子 f_i 的近似 $\tilde{f}_i$，即

$$q^{(i)}(\boldsymbol{z}) \propto q^{(i-1)}(\boldsymbol{z})\tilde{f}_i \tag{3.58}$$

当第 i 次假定密度滤波迭代结束时，可以轻松得到近似因子 $\tilde{f}_i$ 为

$$\tilde{f}_i(\boldsymbol{z}) \propto \frac{q^{(i)}(\boldsymbol{z})}{q^{(i-1)}(\boldsymbol{z})} \tag{3.59}$$

这种观点上的转变意味着 q 可以被视为全部近似因子 $\tilde{f}_i$ 的乘积，即

$$q(\boldsymbol{z}) \propto \frac{q^{(N)}(\boldsymbol{z})}{q^{(N-1)}(\boldsymbol{z})}\cdots\frac{q^{(1)}(\boldsymbol{z})}{q^{(0)}(\boldsymbol{z})} = \prod_{i=1}^{N}\tilde{f}_i(\boldsymbol{z}) \tag{3.60}$$

式中，$q^{(0)}(\boldsymbol{z}) = p_0(\boldsymbol{z})$ 为先验分布。

P.55 在假定密度滤波中，一方面，初始因子几乎没有用到，因而容易得到较差的近似；另一方面，后来的因子用得较多，因而更容易得到较好的近似。期望传播利用 $\tilde{f}_i$ 近似 f_i 时，考虑所有的因子来解决这个问题。因为期望传播在每次迭代中都会跟踪每个 f_i 及对应的 $\tilde{f}_i$，所以可以计算：

$$q_{\text{new}}(\boldsymbol{z}) = \underset{q\in Q}{\operatorname{argmin}} D_{\text{KL}}\left(\frac{1}{K_i}f_i(\boldsymbol{z})\frac{q(\boldsymbol{z})}{\tilde{f}_i(\boldsymbol{z})} \parallel q(\boldsymbol{z})\right) \tag{3.61}$$

式中，K_i 为归一化常数。注意，在任意的第 j 步迭代中，q 不再是 $k(1<k<j)$ 个因子的乘积，而是全部 N 个因子的乘积，所以我们去掉了 q 的上标。

因为我们总是在加入 f_i 之前删除 $\tilde{f}_i$，所以即使是多次执行这一步骤也不会重复累加 f_i 的贡献。依据式(3.61)计算出 q_{new} 后，用与式(3.59)类似的方法修正 $\tilde{f}_i$，使因子 $\tilde{f}_i$ 对应从 q 到 q_{new} 的变化。因为 q 是期望传播中所有因子的乘积，所以 $\tilde{f}_i$ 的更新方式如下：

$$\tilde{f}_i(\boldsymbol{z}) = K_i\frac{q_{\text{new}}(\boldsymbol{z})}{q_{-i}(\boldsymbol{z})} \tag{3.62}$$

式中，$q_{-i}(\boldsymbol{z})$ 为非归一化空腔(cavity)分布，可以通过从 q 中删除因子 f_i 得到，即

$$q_{-i}(\boldsymbol{z}) = \frac{q_i(\boldsymbol{z})}{\tilde{f}_i(\boldsymbol{z})} \tag{3.63}$$

注意，根据上面的定义，由式(3.62)可以导出

$$\frac{q_{\text{new}}(\boldsymbol{z})}{q_{-i}(\boldsymbol{z})} \propto \frac{\prod_j \tilde{f}_j(\boldsymbol{z})}{\prod_{j\neq i}\tilde{f}_i(\boldsymbol{z})} = \tilde{f}_i(\boldsymbol{z}) \tag{3.64}$$

从广义上讲，每一步迭代都包括用真实因子 f_i 来代替 $\widetilde{f}_i$，从而修正 $\widetilde{f}_i$ 的近似，并找到使 KL 散度最小化的新分布 q_{new}，从而对 $\widetilde{f}_i$ 进行优化。正如在介绍假定密度滤波时提到的，KL 散度的最小化是通过在新分布 $q_{\text{new}}(\boldsymbol{z})$ 与倾斜分布 $q_{\text{tilt}}(\boldsymbol{z}) = K_i^{-1} f_i(\boldsymbol{z}) q_{-i}(\boldsymbol{z})$ 之间进行矩匹配来完成的。然而，即使期望传播每次只近似一个因子，并且最终得到的 q 是一个合理的概率分布，但单独的 $\widetilde{f}_i$ 和部分乘积结果也不一定代表一个有效的分布。

期望传播算法的流程总结如算法 1 所示。图 3.11 展示了单次迭代中期望传播和假定密度滤波之间的主要区别：期望传播在更新时考虑了 $\widetilde{f}_i$ 中除 $j=i$ 外的所有近似因子，而假定密度滤波仅考虑了 $\widetilde{f}_i$ 中在更新之前出现过的因子，并以 $q^{(i-1)} \propto \prod_{j=1}^{i-1} \widetilde{f}_j$ 的形式来输入。假定密度滤波通过更新之前加入的因子来约束自己，并在 q^j 投影时将真实因子 f_i 近似为 $\widetilde{f}_i$，而期望传播考虑了除了当前要更新的因子之外的所有其他因子，因而避免了近似分布 q 中出现因子的重复利用。 P. 56

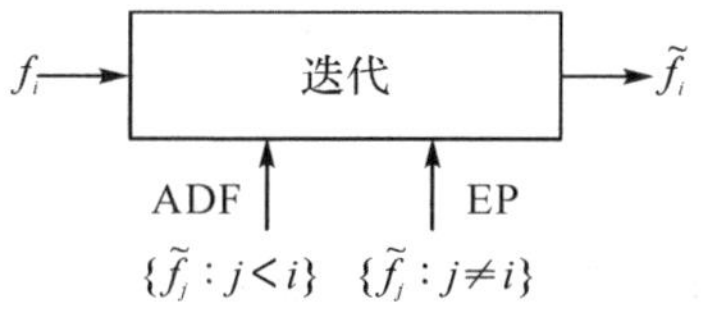

图 3.11　单次迭代中假定密度滤波和期望传播更新的示意图

算法 1：期望传播(EP)

1：初始化：通过设置相应的参数使得 $\widetilde{f}_i = 1, \forall i$

2：当不收敛时，执行如下操作

3：　　选择一个因子 $\widetilde{f}_i$ 进行更新

4：　　计算式(3.63)定义的非归一化空腔分布

5：　　估算式(3.61)中的归一化常数 K_i

6：　　执行式(3.61)的投影操作

7：　　利用式(3.62)更新因子 $\widetilde{f}_i$

8：结束

3.2.3.2 指数族运算

限定因子符合指数族的函数形式，使得因子加入和移除变得容易计算。这只需要加入并提取出自然参数 $\boldsymbol{\eta}$ 就可以实现，例如，

$$\frac{q_i(\boldsymbol{z})}{\tilde{f}_i(\boldsymbol{z})}=\frac{h(\boldsymbol{z})g(\boldsymbol{\eta})\exp(\boldsymbol{\eta}^{\mathrm{T}}\boldsymbol{u}(\boldsymbol{z}))}{h(\boldsymbol{z})g(\boldsymbol{\eta})\exp(\boldsymbol{\eta}'^{\mathrm{T}}\boldsymbol{u}(\boldsymbol{z}))}=\exp((\boldsymbol{\eta}'-\boldsymbol{\eta})^{\mathrm{T}}\boldsymbol{u}(\boldsymbol{z})) \tag{3.65}$$

3.2.3.3 幂期望传播

并不是每个分布都可以被分解成简单的项。因此，整合因子并计算归一化项并不是一项简单的任务，这也导致了期望传播的计算效率不高。为解决这一问题，幂期望传播巧妙地将因子 f_i 的幂降低到 $1/n_i, n_i\in\mathbb{R}$，从而消除了真实因子中复杂的指数，使它们变得容易计算[26]。

幂期望传播和期望传播本质上是一样的，唯一的区别在于我们是在“分数阶因子”上执行更新操作，即

$$f'_i(\boldsymbol{z})=f_i(\boldsymbol{z})^{\frac{1}{n_i}} \tag{3.66}$$

$$\tilde{f}'_i(\boldsymbol{z})=\tilde{f}_i(\boldsymbol{z})^{\frac{1}{n_i}} \tag{3.67}$$

P. 57 当 $n_i\geqslant 1\in\mathbb{N}$时，可以将幂期望传播看作是将因子 f_i 分解成 n_i 个不同副本的期望传播。然而，幂期望传播并没有对每个 f_i 都执行一次期望传播迭代，而是根据式(3.61)和式(3.62)来计算单个副本的更新，并假设其他 n_i-1 个副本的结果与之相同。

在期望传播中，将最小化的目标 $D_{\mathrm{KL}}(p\parallel q)$替换为

$$D_\alpha(p\parallel q)=\frac{4}{1-\alpha^2}\left(1-\int p(x)^{(1+\alpha)/2}q(x)^{(1-\alpha)/2}\mathrm{d}x\right) \tag{3.68}$$

引入一个连续参数 α，可以得到与幂期望传播具有相同不动点的算法。因此，可以将幂期望传播看作是在最小化 α 散度 D_α 的框架下进行，其中 α 与 $1/n_i$ 的取值有关，具体关系为 $\alpha=2(1/n_i)-1$。

前向/反向 KL 散度都属于式(3.68)定义的 α 族。具体来说，$\alpha\to 1$ 对应前向 KL 散度，而 $\alpha\to -1$ 则对应反向 KL 散度，这可以通过回忆 $p(x)^\gamma=\exp\{\gamma\log p(x)\}$，并用洛必达法则求解不确定型极限来验证。如图 3.12 所示，$\alpha\leqslant -1$ 会导致一个零强迫行为，此时满足 $p(x)=0$ 的任何 x 值都会使 $q(x)=0$。相反，$\alpha\geqslant 1$ 是零回避的，此时满足 $p(x)\geqslant 0$ 的任意 x 都会使 $q(x)\geqslant 0$，并且 q 通常会延伸到覆盖所有的 p。当 $\alpha\to -1$ 时为反向 KL 散度，即 $D_{\mathrm{KL}}(q\parallel p)$；而当 $\alpha\to 1$ 时则为前向 KL 散度，

即 $D_{\mathrm{KL}}(p \| q)$。

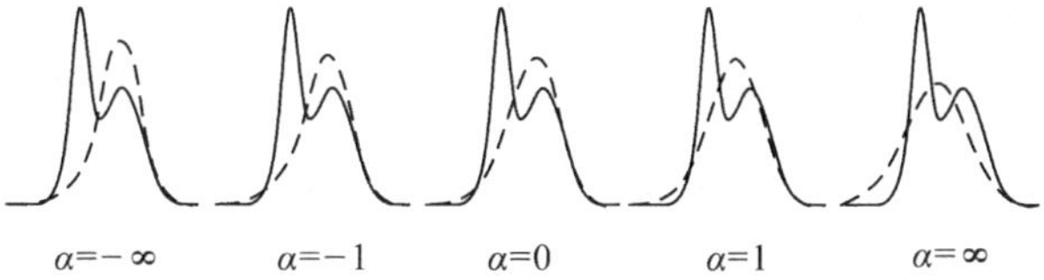

图 3.12　α 散度族

很多信息传递算法，包括本书中讨论的那些算法，都可以理解为具有不同能量函数（对应于式(3.68)中不同的 α 值）的相同变分框架[21]。

3.2.3.4　期望传播的问题

当然，期望传播提供的性能改进是有代价的，除了不适用于在线学习之外，它还需要存储所有的真实因子和近似因子。因此，期望传播算法的内存消耗会随着分布因子数量的增加呈线性增长。当处理超大规模数据集时，这种线性增长的内存需求可能会导致优化过程变得不切实际甚至不可行。

与变分推断的每一步都能确保减小证据下界不同，期望传播算法无法保证收敛，而且其迭代过程还有可能会增加而不是减少对应的能量函数。尽管如此，稳定的期望传播不动点依然是优化问题的局部最小值。

在多模态目标分布中，期望传播会导致较差的近似，因为前向 KL 散度会导致 P.58
q 均匀分布到各个模态上。

3.2.3.5　期望传播实例

再次考虑 3.2.1.7 节和 3.2.2.4 节的线性回归问题。与之前的情况不同，这里我们需要跟踪近似因子 $\tilde{f}$。

用参数 $\alpha=1$ 和 $\beta=0$ 来初始化近似后验，这样我们会得到一个均匀分布。加入先验因子 $p(\gamma)$后，分布变为

$$s(\gamma) \propto Ga(\gamma \mid \alpha, \beta) Ga(\gamma \mid \alpha_0, \beta_0) \tag{3.69}$$

$$s(\gamma) = Ga(\gamma \mid \alpha + \alpha_0 - 1, \beta + \beta_0) \tag{3.70}$$

可以看出 $s(\gamma)$属于假定族，并且在这一步中没有近似。由于加入先验因子 $p(\gamma)$并没有将近似后验 $q(\gamma)$排除在假定族之外，因此不需要多次处理该因子。更新公式如下：

$$\alpha_{\mathrm{new}} = \alpha + \alpha_0 - 1, \beta_{\mathrm{new}} = \beta + \beta_0 \tag{3.71}$$

此外，加入似然因子 $p(y_i \mid \gamma; x_i)$ 的处理并不准确，因为：

（1）在推导式(3.51)时，我们用高斯分布来近似 t 分布。

（2）对于式(3.50)中的偏移分布，我们仅匹配了前两阶矩。

所以，仍然有改进的空间，为此我们循环使用似然因子。为方便计算，这里选择的近似因子为

$$\widetilde{f}_i(\gamma) = Ga(\gamma \mid a, b) \tag{3.72}$$

这种形式使得空腔分布很容易计算，有

$$q_{-i}(\gamma) \propto \frac{q(\gamma)}{\widetilde{f}_i(\gamma)} = \frac{Ga(\gamma \mid \alpha, \beta)}{Ga(\gamma \mid a, b)} = Ga(\gamma \mid \alpha_{-i}, \beta_{-i}) \tag{3.73}$$

式中

$$\alpha_{-i} = \alpha - a + 1, \quad \beta_{-i} = \beta - b \tag{3.74}$$

P.59 在计算出空腔分布 q_{-i} 后，加入真实似然因子 $p(y_i \mid \gamma; x_i)$，并将得到的分布重新投影到假设族 q 上。加入和投影似然因子的步骤仍然与 3.2.2.4 节中的假定密度滤波算法的流程相同，即分别用式(3.56)和式(3.57)来更新参数 α 和 β。

最后，依据下式修正近似因子 $\widetilde{f}_i$：

$$a = \alpha - \alpha_{-i} + 1, \ b = \beta - \beta_{-i} \tag{3.75}$$

3.2.4 实用拓展

本节简要介绍了近似推断算法的三个现代拓展版本，其中前两个解决了可计算性与可处理性问题，而最后一个解决了可用性问题，使得变分推断更容易被大家接受。

3.2.4.1 黑盒变分推断

如 3.2.1.5 节所示，随机变分推断以封闭的形式计算分布的更新，这不仅需要掌握模型的特定知识和实现方法，还要求证据下界的梯度必须有一个封闭的解析公式。黑盒变分推理(black box VI, BBVI)[28]通过估计梯度而不是实际计算来避免这些问题。

黑盒变分推断使用了分数函数估计器[29]：

$$\nabla_\phi E_{q(\boldsymbol{z};\phi)}[f(\boldsymbol{z};\theta)] = E_{q(\boldsymbol{z};\phi)}[f(\boldsymbol{z};\theta)\nabla_\phi \log q(\boldsymbol{z};\phi)] \tag{3.76}$$

式中，近似分布 $q(\boldsymbol{z};\phi)$ 是 ϕ 的连续函数(见附录 A.1 节)。用这个估计器来计算式(3.7)中的证据下界的梯度，可得

$$\nabla_{\phi} B_{\mathrm{ELBO}} = E_q[(\nabla_{\phi} \log q(\boldsymbol{z};\phi))(\log p(\boldsymbol{x},\boldsymbol{z}) - \log q(\boldsymbol{z};\phi))] \tag{3.77}$$

式(3.77)中的期望由蒙特卡罗积分来近似。

式(3.77)中梯度估计器模型的唯一假设是能够计算联合分布 $p(\boldsymbol{x},\boldsymbol{z}_s)$的对数，$\boldsymbol{z}_s$ 代表第 s 个从 $q(\boldsymbol{z};\phi)$中采样得到的样本。采样方法和对数的梯度都依赖于变分分布 q。因此，对于每个近似族 q，我们仅需推导一次，就可以在不同的模型$p(\boldsymbol{x},\boldsymbol{z}_s)$中重复使用它们。我们只需要指定模型 $p(\boldsymbol{x},\boldsymbol{z}_s)$并直接对其进行变分推断，这就是黑盒得名的原因。事实上，$p(\boldsymbol{x},\boldsymbol{z}_s)$甚至不需要归一化，因为归一化常数的对数对式(3.77)中的梯度计算没有任何帮助。

通常，在执行随机优化的过程中，每一次迭代时仅观察部分可用数据。对于式(3.76)中的 $f(\boldsymbol{z};\theta)$，分数函数估计器会给出无偏估计。然而，由于对数函数的存在，式(3.77)中的梯度估计并不是无偏的。此外，该估计器通常具有较高的方差，这可能迫使步长太小，从而导致算法不可用。文献[28]通过减小方差来保留黑盒变分推断的黑盒特征，从而解决了上述问题。 P.60

3.2.4.2　黑盒 α 最小化

黑盒 α 最小化(black box α minimization，BB-α)[30]优化了幂期望传播能量函数的近似表达式[31]。它没有孤立地考虑 i 个不同的局部相容函数 $\tilde{f}_i$，而是将它们联系起来，所以每个 $\tilde{f}_i$ 都相等，即 $\tilde{f}_i=\tilde{f}$。我们可以把 BB-α 看作一种平均因子近似，并用它来近似原始 f_i 的平均效应。

进一步限定这些因子属于指数族，这等价于对它们的自然参数进行约束。因此，BB-α 不再需要存储每个似然因子的近似位点，从而在处理大规模数据集时可以显著节省内存。BB-α 的不动点与幂期望传播算法的不动点并不相同，但在数据量趋于无穷大时，二者会趋于一致。

BB-α 使用梯度下降法而不是双环算法来最小化能量，这与 3.2.3 节的迭代方案形成了鲜明对比。与其他为大规模学习设计的现代算法一样，BB-α 采用随机优化来避免整个数据集的循环使用。此外，BB-α 还使用蒙特卡罗抽样来估算能量函数中近似分布 q 的期望。

与黑盒变分推断[28]不同，BB-α 使用路径梯度估计器[32]来估计梯度(见附录 A.1 节)，所以我们需要将变量 $\boldsymbol{z}\sim q(\boldsymbol{z},\phi)$表示为基础变量 $\boldsymbol{\varepsilon}\sim p(\boldsymbol{\varepsilon})$的可逆确定性变换 $g(\cdot;\phi)$，由此可以写出

$$\nabla_{\phi} E_{q(\boldsymbol{z};\phi)}[f(\boldsymbol{z};\theta)] = E_{p(\boldsymbol{\varepsilon})}[\nabla_{\phi} f(g(\boldsymbol{\varepsilon};\phi);\theta)] \tag{3.78}$$

这种方法不仅要求 $q(\boldsymbol{z};\phi)$ 是可以再参数化的，还要求 $f(\boldsymbol{z};\phi)$ 对于所有 $\boldsymbol{z}$ 值来说是关于 ϕ 的已知连续函数。注意，这种方法除了要求似然函数外，还要求其梯度。当然，如果似然函数是解析定义的且可微的，就可以很容易地利用自动微分工具得到这些梯度。

如 3.2.3 节所述，式(3.68)中的参数 α 控制着散度函数的形式。因此，该方法能够在变分推断($\alpha \to -1$)和一个类似于期望传播的算法($\alpha \to 1$)之间进行取值。有趣的是，文献[30]声称，在变分推断和期望传播的推导过程中，设置 $\alpha=0$ 往往能获得最佳结果。$\alpha=0$ 对应的散度被称为赫林格(Hellinger)距离，它也是 α 族中唯一对称的元素。

3.2.4.3 自动微分变分推断

P.61 自动微分变分推断(automatic differentiation VI，ADVI)是实现变分推断自动计算的通用方法[33]。用户仅需要提供概率模型和数据集，其余流程中的模块均由架构自行处理。对于近似族和模型的任意具体组合，不再需要推导其目标函数和导数。

自动微分变分推断应用变换 $T: \mathcal{Z} \to \Xi$，将潜变量 $\boldsymbol{Z}$ 的定义域映射到整个实数空间，使模型的联合分布 $p(\boldsymbol{x},\boldsymbol{z})$ 变成 $p(\boldsymbol{x},\boldsymbol{\xi})$。然后，它用高斯分布来近似 $\boldsymbol{p}(\boldsymbol{x},\boldsymbol{\xi})$，尽管选择其他的变分近似族也是可以的。然而，即使是简单的高斯分布，也会在原始潜在空间 $\mathcal{Z}=T^{-1}(\Xi)$ 中产生非高斯分布。和之前一样，式(3.7)中定义的证据下界涉及一个棘手的期望计算问题。自动微分变分推断利用式(3.78)中的路径梯度估计器将变分分布转化为标准高斯分布 $N(0,1)$ 的确定性函数，使其可以自动微分。最后，利用蒙特卡罗积分估算其在潜在空间中的期望，从而产生证据下界的噪声无偏梯度，并进行随机优化[34]。

一方面，由于自动微分变分推断利用了路径梯度估计器，因此它只适用于可微模型，即对数联合概率的导数 $\nabla_z \log p(\boldsymbol{x},\boldsymbol{z})$ 必须存在。另一方面，尽管其方差可能较大，但是采用黑盒变分推断[28]来计算变分近似分布 q 的导数十分普遍。

尽管自动微分变分推断模型的性能可能不如手工运算的同类模型，但它在很多处理现代数据集的实际模型中都表现良好。因此，该特性使其成为新思路快速验证与复杂模型修正的高效工具。

3.3 小结

本章介绍了基于模型的机器学习的概念及其三大支柱：贝叶斯推断、图模型和概率编程，并解释了这些组成部分如何相互连接来搭建基于模型的机器学习框架，并阐明了在复杂问题中进行近似推断的必要性。

我们解释了变分推断、假定密度滤波和期望传播 3 种主要近似推断技术的内部工作机理，并结合实例进行了说明，指出了它们的优缺点。总结如下：

- 变分推断：最大化模型证据下界，倾向于拟合真实后验分布的单一模态，会低估方差，且保证收敛。
- 期望传播：用作矩匹配，需要定义近似后验分布族，倾向于概括整个真实后验分布，会高估方差，且不保证收敛。
- 假定密度滤波：期望传播的在线版本，无须进行迭代优化。

变分推断、假定密度滤波和期望传播技术是许多现代方法（例如 3.2.4 节中的方法）的基础，它们被广泛地应用于众多的算法中。第 4 章将会讨论这些算法，这也说明了本书各章之间的相关性。 P. 62

参考文献

[1]Mohamed S. Planting the seeds of probabilistic thinking: foundations, tricks and algorithms[R]. Tutorial presentation, 2018.

[2]Bishop C. Model-based machine learning[J]. Philos Trans R Soc A: Math Phys Eng Sci, 2013, 371(1984):1-17.

[3]Koller D, Friedman N, Bach F. Probabilistic graphical models: principles and techniques[M]. Cambridge:MIT Press,2009.

[4]Murphy K P. Machine learning: a probabilistic perspective[M]. Cambridge: MIT Press, 2012.

[5] Bishop C. Pattern recognition and machine learning [M]. Berlin: Springer, 2006.

[6]Van de Meent J W, Paige B, Yang H, et al. An introduction to probabilistic programming[EB/OL]. arXiv e-print, 2018:1809.10756.

[7]Ghahramani Z. Probabilistic machine learning and artificial intelligence[J].

Nature, 2015, 521(7553):452 - 459.

[8]Bingham E, Chen J P, Jankowiak M, et al. Pyro: deep universal probabilistic programming[J]. J Mach Learn Res, 2019, 20(28):1 - 6.

[9]Carpenter B, Gelman A, Hoffman M, et al. Stan: a probabilistic programming language[J]. J Stat Softw, 2017, 76(1):1 - 32.

[10]Goodman N, Stuhlmüller A. The design and implementation of probabilistic programming languages[EB/OL]. Retrieved 2021 - 4 - 5 from http://dippl.org, 2014.

[11]Minka T, Winn J, Guiver J, et al. Inf. NET 0.3[R]. Microsoft Research Cambridge, 2018.

[12]Salvatier J, Wiecki T V, Fonnesbeck C. Probabilistic programming in Python using PyMC3[J/OL]. PeerJ Comput Sci, 2016, 2: e55.

[13]Tran D, Kucukelbir A, Dieng A B, et al. Edward: a library for probabilistic modeling, inference, and criticism[EB/OL]. arXiv e-print, 2016:1610.09787.

P. 63 [14]Vidakovic B. Bayesian inference using Gibbs sampling: BUGS project[M]. New York: Springer, 2011: 733 - 745.

[15]Tukey J W. The future of data analysis[J]. Ann Math Stat, 1962, 33(1): 1 - 67.

[16]Blei D, Kucukelbir A, McAuliffe J. Variational inference: a review for statisticians[J]. J Am Stat Assoc, 2017, 112(518):859 - 877.

[17]MacKay D J. Information theory, inference and learning algorithms[M]. Cambridge: Cambridge University Press, 2003.

[18]Berger T. Rate distortion theory and data compression[M]. Vienna: Springer, 1975: 1 - 39. https://doi.org/10.1007/978 - 3 - 7091 - 2928 - 9_1.

[19]Lloyd S. Least squares quantization in PCM[J]. IEEE Trans Inf Theor, 1982, 28(2):129 - 137.

[20]Hoffman M, Blei D. Stochastic structured variational inference[C]. In: International conference on artificial intelligence and statistics, San Diego, 2015, 38:361 - 369.

[21]Louizos C, Welling M. Structured and efficient variational deep learning with matrix Gaussian posteriors[C]. In: Proceedings of the international conference on machine learning, NewYork, 2016, 48:1708 - 1716.

[22]Sun S, Chen C, Carin L. Learning structured weight uncertainty in Bayesian neural networks[C]. Proceedings of the international conference on artificial intelligence and statistics. Fort Lauderdale, 2017, 54: 1283 - 1292.

[23]Rezende D, Mohamed S. Variational inference with normalizing flows[C]. In: Proceedings of the international conference on machine learning. Lille, 2015, 37: 1530 - 1538.

[24]Hoffman M, Blei D, Wang C, et al. Stochastic variational inference[J]. J MachLearn Res, 2013, 14:1303 - 1347.

[25]Minka T. Expectation propagation for approximate Bayesian inference[C]. In: Conference in uncertainty in artificial intelligence, San Francisco, 2001, 362 - 369.

[26]Minka T. Power EP. Tech. rep. [R]. Microsoft Research, 2004.

[27]Minka T. Divergence measures and message passing. Tech. rep. [R]. Microsoft Research, 2005.

[28]Ranganath R, Gerrish S, Blei D. Black box variational inference[C]. Proceedings P. 64
of the international conference on artificial intelligence and statistics. Reykjavik: PMLR, 2014: 814 - 822.

[29]Williams R J. Simple statistical gradient-following algorithms for connectionist reinforcement learning[J]. Mach Learn, 1992, 8(3): 229 - 256.

[30]Hernandez J, Li Y, Rowland M, et al. Blackbox alpha divergence minimization [C]. In: Proceedings of the international conference on machine learning, New York, 2016, 48:1511 - 1520.

[31]Minka T. The EP energy function and minimization schemes. Tech. rep. [R]. Microsoft Research, 2007.

[32]Price R. A useful theorem for nonlinear devices having Gaussian inputs[J]. Trans Inf Theory, 1958, 4(2): 69 - 72.

[33]Kucukelbir A, Blei D, Gelman A, et al. Automatic differentiation variational inference[J]. J Mach Learn Res, 2017, 18:1 - 45.

[34]Robbins H, Monro S. A stochastic approximation method[J]. Ann Math Stat, 1951, 22(3): 400 - 407.

第 4 章

贝叶斯神经网络

P.65 本章将介绍 4 种不同的贝叶斯神经网络(Bayesian neural network,BNN)的思想、推导、优点和问题：

- 反向传播贝叶斯(Bayes by backprop,BBB)算法[1]；
- 概率反向传播(probabilistic back propagation,PBP)算法[2]；
- 蒙特卡罗丢弃(Monte Carlo dropout①,MCDO)算法[3]；
- 变分自适应矩估计(variational adaptive moment estimation,Vadam)算法[4]。

每种算法都以相应不同的方式解决问题。然而,它们都有一个共同点:它们都考虑对后验分布进行非结构化近似。

读完本章,读者将：

- 了解贝叶斯神经网络应该具备的属性；
- 学习评估网络特征的度量标准；
- 了解每种贝叶斯神经网络算法的优缺点；
- 理解各种算法之间的差异；
- 能够选择最适合自己需求的算法；
- 如果需要更复杂的结构化贝叶斯神经网络,知道在哪里可以进一步查阅资料。

4.1 贝叶斯神经网络简介

最近,贝叶斯神经网络重新成为研究热门。现在可以想象,神经网络本质上是通过贝叶斯方法增强之后的标准的确定性神经网络。它们不用学习最优的权重参

① dropout,也可译为随机失活。——译者注

数 $\boldsymbol{w}^*$，而是根据数据集 $\mathcal{D}$ 推断后置权重分布 $p(\boldsymbol{w}|\mathcal{D})$。比如，在一维的情况下，作为该分布最大值点的 w^*，仅仅是整个支撑集上的一个单点，如图 4.1 所示。 P.66

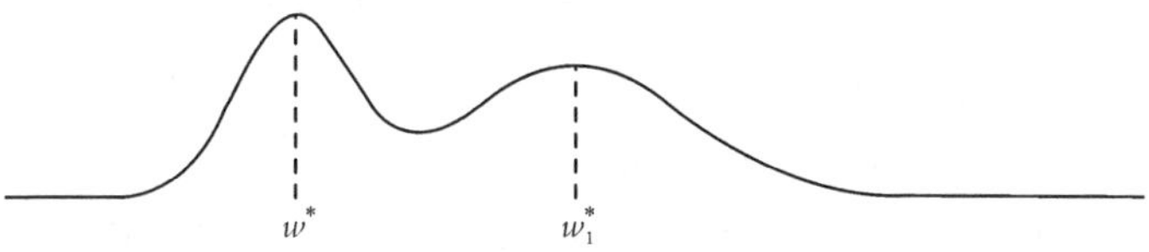

图 4.1　后置分布的最大值 w^* 和对应于另一模式最大值的次最大值 w_1^*

贝叶斯神经网络在文献[5]中首次引入，在随后的几年(20 世纪 90 年代)中得到了空前的发展[6-9]。然而，受限于其计算复杂性，在此后的十年间热度衰减。标准神经网络在很长一段时间内都没有取得成功，只是在 2006 年开始崭露头角，并在 2012 年获得行业关注，此时深度学习方法在某个重要的图像分类比赛中以较大优势取胜[10-12]。对于贝叶斯神经网络来说情况自然也不会例外，而且面临的挑战更为严峻。在过去几年中，新的实用贝叶斯神经网络方法[13-14]结合对抗性攻击[15]引发的安全担忧，以及在某些实际应用中对不确定性度量的迫切需求，引起了人们对使用贝叶斯方法进行深度学习的兴趣。

贝叶斯神经网络迟迟才被接受的主要原因是它们的计算复杂性阻碍了可扩展性。现代模型和数据集包含数百万个参数和样本，所以只有非常简单的算法才能很好地处理如此大规模的情况。一个显著的例子是反向传播和一阶优化方法的使用，尽管这并不意味着它们不巧妙。因此，这一领域的最新工作在大多数情况下集中在可扩展且实用的方法上，这些方法能够满足当前的需求，并且通俗易懂，实用性较强。

对于那些仍未信服贝叶斯方法优势的人，我们快速回顾一下现代深度学习领域的情况。

尽管反向传播和最大似然优化算法可以在大量数据上拟合大型非线性模型，并在多个任务中取得成功，但它们在不太大的数据集上应用时，对过拟合问题很敏感。使用常见的正则化技术，例如 l_1 或 l_2 惩罚项，等价于最大后验估计优化(分别应用拉普拉斯先验和高斯先验)。然而，这些技术尽管能够减轻过拟合的程度，但远未彻底解决问题。并且这种方法使得解依赖于参数化方式，即不同的参数化可能会导致不同的最优解。因此，问题就是选择哪种参数化方法可以得到最优解并能判断其敏感性。

即使使用不变性方法，也无法获得置信度的度量。尽管可以采用自助法

(bootstrapping)在某种程度上解决问题,但这并非是根本办法,只是将观察到的数据分布用固定未知变量的方式近似代替。但是贝叶斯框架一次性地要求模型不仅可以描述单个点估计,还可以对所有可能参数值上的完整分布进行描述,从而有效地解决了这些问题。它提供了一个普适的框架来进行建模、推理、预测和决策。此
P.67 外,它还提供了一种直接的方法来评价和选择模型。贝叶斯神经网络具有内置的正则化功能,拥有集成学习的优势,除了可以量化权重和压缩感知外,还支持不确定性估计和连续学习。

世上没有免费的午餐,正如上面提到的,贝叶斯神经网络具有繁琐的推断过程。它们依赖于条件化和边缘化,因此主要的操作是积分。所以,高维和/或复杂的模型对它们的部署构成了真正的障碍。本书讨论了通过使用分布近似(见 3.2 节)使计算变得容易,以缓解这一问题。特别地,本书关注那些不对权重施加显式结构约束,而是假定它们相互独立的方法(平均场近似,见 3.2.1 节)。

为了便于表示,接下来用 $\boldsymbol{W}$ 代替 $\boldsymbol{Z}$ 作为随机变量。这种符号的变更不仅是为了与贝叶斯神经网络领域的文献保持一致,也是为了提醒读者,分布是针对模型的权重(参数)而言的,而非隐藏单元。

4.2 评估不确定性质量

贝叶斯模型和更一般的概率模型会输出某种形式的不确定性度量,我们依靠这些不确定性做出决定。我们真的能相信这些模型吗?它们是否或者至少大致上反映了事实?下面我们将介绍一些常用的方法来解决这些问题。

4.2.1 预测对数似然函数

如 2.4 节所解释的,似然项 $p(\boldsymbol{d}\,|\,\boldsymbol{w})$衡量的是特定配置的模型生成观测数据的可能性有多大。预测对数似然函数以预测的方差或其他离散度量为指标,评估模型与数据吻合的程度。它是对模型在均值和不确定性两个方面的一种估计。

直观地说,方差越小预测越可靠,因此如果预测错误,所得到的分数也应越低。然而,模型的预测应该是可靠的,因此方差较大的情况同样会得到较低的分数。

以一维回归模型 $f(\cdot\,;w)$为例,由 w 参数化,它预测一个标量值 $\hat{y}$,即 $\hat{y}=f(\cdot\,;w)$。假设模型含有给定的噪声水平,因此我们将一个观测噪声模型加在输出上,这样真实的输出就会被一个已知过程干扰。对于方差为 σ^2 的加性高斯噪声,对数似然估计有以下形式:

$$\log p(y \mid x,w) = \log N(y;f(x;w),\sigma^2) = -\frac{1}{2}\log(2\pi\sigma^2) - \frac{1}{2\sigma^2}(y-f(x))^2 \tag{4.1}$$

我们希望观测值 y 尽可能接近预测的输出 $f(x)$，这样模型就与数据相符。需要注意的是，预测模型和噪声模型原则上可以是任何形式的。 P.68

4.2.2 校准

虽然后验置信区间或预测置信区间没有必要校准，但它们仍然是一种自然的可靠性度量。在一个分类任务中，当模型给出某次预测有 $X\%$ 的正确概率时，人们期望在实际中能够确定大约有 $X\%$ 的时间是正确的。而在回归设置中，我们希望真实值落在 $X\%$ 的置信区间内出现的概率也是 $X\%$。具有这种覆盖特性的模型被认为是经过良好校准的，这意味着贝叶斯可信区间与频率学派的置信区间是一致的。

有一种观点认为，在特定模型下的推断应该采用贝叶斯方法，但模型评估可以而且应当引入频率学派的思想，这种方法被称为校准贝叶斯[16]。

用于评价校准的常用诊断工具是校准（或可靠性）图，如图 4.2 所示。理想情况下，经验累积分布函数和预测累积分布函数应该是相匹配的，因此对它们对比进行绘图的话应该尽可能接近恒等式 $y=x$ 对应的曲线。也就是说，对于每个置信区间都对应一个概率阈值 p_i，我们绘制预测落在区间内的观测次数（经验频率）。可以通过计算 m 个不同置信区间的预测概率与观测概率之间的期望误差来衡量校准误差。

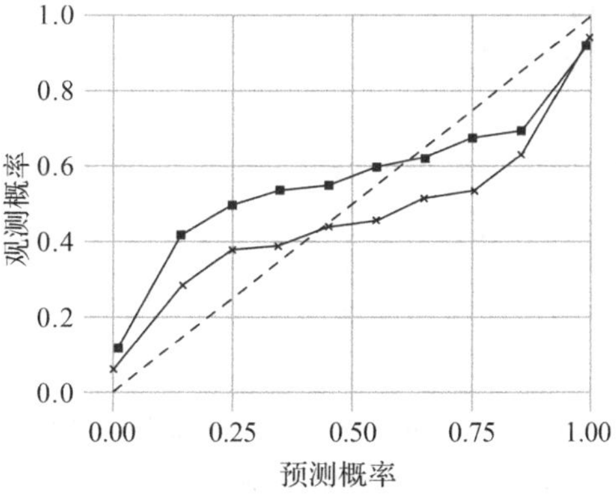

图 4.2 校准图示例

通过分析图 4.2，可以发现除了恒等线外还有两条曲线。虚线为恒等线 $y=x$，有叉形标记的下曲线代表未校准模型，有方形标记的上曲线代表经过普氏标度校准后的模型。理想情况下,我们希望上曲线和虚线重合,表明模型完全校准。

这是一个简单的例子,读者可以意识到校准过程是多么重要,可以看出未经校准的曲线明显向恒等线靠近。然而,正如文献[17]所指出的那样,这种方法的性能会根据所校准的模型而变化。在上述文献中,作者还提出并分析了两种广泛使用的校准技术:普氏标度(Platt scaling)[18]和等渗回归(isotonic regression)。

P.69 仅仅依靠模型校准并不足以建立一个优秀的整体模型,还需要确保模型的预测结果精确可靠[19]。直观地说,在回归问题中,置信区间应尽可能紧密;在分类问题中,概率应尽可能二元化,尽量接近 0 或者 1,以度量模型预测结果的不确定性并评估模型的性能和可靠性。一个总是预测平均值并相应地调整置信度的模型在定义上是校准的,但是并不实用。有各种方法可以衡量数据的离散程度,方差是其中之一。

4.2.3 下游应用

值得注意的是,尽管预测对数似然函数和期望校准误差这两个度量是评估不确定性质量的标准度量,但考虑不确定性度量的应用场景仍然十分重要。

我们还应该通过衡量不确定性在感兴趣的下游应用中的性能来评估其质量,例如异常值检测、主动学习或基于不确定性的探索策略,并采用合适的、相关的评价指标进行评估。

4.3 反向传播贝叶斯

反向传播贝叶斯(Bayes by backprop)算法[1],简称 BBB,有相当长的发展历史,是对文献[13]关于神经网络系统中实用性较强的变分推断工作的延续,而文献[13]又是在文献[6]的基础上进行扩展的,文献[6]是最早提出将变分推断应用于神经网络系统的研究。

反向传播贝叶斯算法的本质是选择一个变分后验分布 q,通过该分布能够有效地提取出可能的样本,使其适用于蒙特卡罗积分。

P.70 指定对角高斯变分后验分布意味着所有网络权重 w_i 是相互独立的,因此需要分别为每个权重指定均值为 μ_i,方差为 σ_i^2。相应地,每个权重 w_i 由 $\boldsymbol{\Psi}_i=\{\mu_i,\sigma_i^2\}$所表征,而所有参数的集合由 $\boldsymbol{\Psi}=\{\boldsymbol{\mu},\boldsymbol{\sigma}^2\}$所表征。近似变分后验分布可表示为

$$q(\boldsymbol{w};\boldsymbol{\psi}) = \prod_i q(w_i;\ \Psi_i) = \prod_i N(w_i;\mu_i,\sigma_i^2) \tag{4.2}$$

如 3.2.1 节所示，优化变分近似等价于最小化负的证据下界，即式(3.8)的形式可写为

$$\begin{aligned}\mathcal{L}(q) &= -B_{\text{ELBO}}(q) = -E_{q(\boldsymbol{w};\boldsymbol{\psi})}[\log p(\boldsymbol{d}\mid\boldsymbol{w})] + D_{\text{KL}}(q(\boldsymbol{w};\boldsymbol{\psi})\,\|\,p(\boldsymbol{w})) \\ &= \mathcal{L}_{\text{data}} + \mathcal{L}_{\text{prior}}\end{aligned} \tag{4.3}$$

式中，我们需要明确两个不同性质的损失函数：似然成本 $\mathcal{L}_{\text{data}}$ 依赖于数据，量化了模型的误差程度；复杂度成本 $\mathcal{L}_{\text{prior}}$，与先验相关。正如 3.2.1 节所述，前者推动模型更好地解释数据，而后者则扮演着正则化项的作用，推动参数向先验分布 $p(\boldsymbol{w})$ 靠近。

由近似变分后验分布式(4.2)可得到 $\mathcal{L}_{\text{data}}$ 的期望及其对 μ_i 和 σ_i 的导数无法解析地闭式求解，因此无法直接计算和反向传播。要解决这个问题，可以求助于蒙特卡罗积分，即从后验分布 $q(\boldsymbol{w};\boldsymbol{\psi})$ 中提取不同的权重，对每个样本进行必要的计算并取平均结果。文献[1]的主要贡献是重新参数化，它给出了无偏梯度估计量，且不局限于高斯分布。该方法依赖于对后验分布 $q(\boldsymbol{w};\boldsymbol{\psi})$ 和成本函数 $h(\boldsymbol{w};\boldsymbol{\psi})$ 的重新参数化技巧（见附录 A.1 节），两者都依赖参数 $\boldsymbol{\psi}$。

$$\nabla_{\boldsymbol{\psi}} E_{q(\boldsymbol{w};\boldsymbol{\psi})}[h(\boldsymbol{w};\boldsymbol{\psi})] = E_{p(\boldsymbol{\varepsilon})}\left[\frac{\partial h(\boldsymbol{w};\boldsymbol{\psi})}{\partial \boldsymbol{w}}\frac{\partial \boldsymbol{w}}{\partial \boldsymbol{\psi}} + \frac{\partial h(\boldsymbol{w};\boldsymbol{\psi})}{\partial \boldsymbol{\psi}}\right] \tag{4.4}$$

式中，$\boldsymbol{w} = g(\boldsymbol{\varepsilon};\boldsymbol{\psi})$，$g(\cdot;\boldsymbol{\psi})$ 是平滑的可逆确定性变换；$\boldsymbol{\varepsilon}$ 是基础随机变量。

上述表示适用于任何分布 $q(\boldsymbol{w};\boldsymbol{\psi})$，可以改进为基础分布 $p(\boldsymbol{\varepsilon})$ 的变换 $g(\boldsymbol{\varepsilon};\cdot)$。然而，当前仅可以处理将 $q(\boldsymbol{w};\boldsymbol{\psi})$ 表示为独立单变量高斯分布的乘积的情况，并且参数 $\boldsymbol{\psi}=\{\boldsymbol{\mu},\boldsymbol{\sigma}^2\}$。为便于计算，可进行变换 $g(\boldsymbol{\varepsilon};\boldsymbol{\psi})=\boldsymbol{\mu}+\boldsymbol{\Sigma}\boldsymbol{\varepsilon}$，式中 $\boldsymbol{\varepsilon}\sim N(\boldsymbol{0},\boldsymbol{I})$。对于不相关的高斯分布情况，即协方差矩阵 $\boldsymbol{\Sigma}$ 为对角矩阵时，该变换可简化为 $\boldsymbol{\mu}+\boldsymbol{\sigma}\odot\boldsymbol{\varepsilon}$（这里 $\odot$ 表示逐元素相乘）。

在实际数值处理中，需要防止 σ_i 在优化过程中出现负值，因为 $\sigma_i\geqslant 0$。相较于强制约束条件，采用 softplus（软加函数）变换更为灵活自然，也能适应实际情况。softplus 函数变换将归一化的 $\sigma_i = \log(1+\exp\rho_i)$ 映射为不受约束的 ρ_i[6]，使其能够在 $(0,\infty)$ 自由取值。因此，在一些只有弱先验的问题中，softplus 变换是更好的选择。 P.71

计算式(4.4)的导数，使用 $\boldsymbol{\psi}=\{\boldsymbol{\mu},\boldsymbol{\sigma}^2\}$ 的两个元素进行计算，结合所选的变换方式得出结果：

$$\frac{\partial \mathcal{L}}{\partial \mu_i} = \frac{\partial h(\boldsymbol{w},\boldsymbol{\psi})}{\partial w_i} + \frac{\partial h(\boldsymbol{w},\boldsymbol{\psi})}{\partial \mu_i} \tag{4.5}$$

$$\frac{\partial \mathcal{L}}{\partial \rho_i}=\frac{\partial h(\boldsymbol{w},\boldsymbol{\psi})}{\partial w_i}\frac{\boldsymbol{\varepsilon}}{1+\exp(-\rho_i)}+\frac{\partial h(\boldsymbol{w},\boldsymbol{\psi})}{\partial \rho_i} \tag{4.6}$$

这种修改将随机分量从反向传播的梯度路径中移除。图 4.3 展示了一个计算图,该计算图利用输入激活值 $\boldsymbol{a}$ 和权重 $\boldsymbol{w}$ 来计算函数 f。此修改允许直接计算图中关于 $\boldsymbol{w}$ 和 $\boldsymbol{\psi}$ 节点的梯度,就像在任何其他确定性节点中一样。通用框架中可用的自动微分工具[20-22]能够透明地处理此操作,唯一的实现差异在于需要在网络定义中显式地对权重进行重新参数化,即 $\boldsymbol{w}=g(\boldsymbol{\varepsilon};\boldsymbol{\psi})$,并将 $\boldsymbol{\psi}=\{\boldsymbol{\mu},\boldsymbol{\rho}\}$ 指定为可学习参数。更现代的框架版本包含内置函数,可以隐式地自动执行此类重新参数化操作。

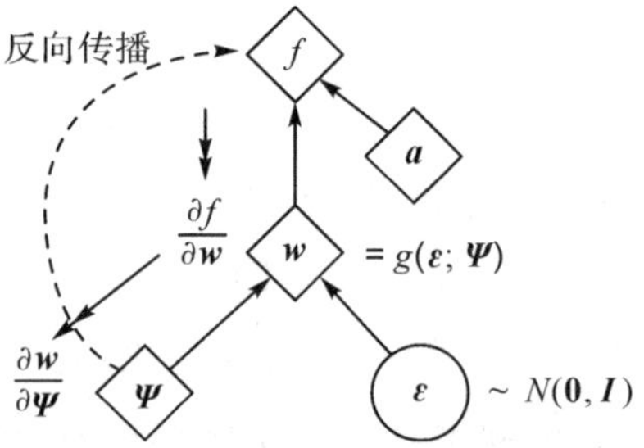

图 4.3 应用重新参数化技巧的计算图

圆形节点是随机节点,而菱形节点是确定性节点。单箭头代表模型的前向传播路径,双箭头(部分)代表反向传播路径。黑色虚线代表计算 KL 散度的路径,该路径以分布参数 $\boldsymbol{\psi}$ 作为输入。请注意,由于使用了重新参数化技巧,使得节点 $\boldsymbol{w}$ 不再是随机的,因此我们可以像往常一样计算其梯度。

图 4.4 展示了反向传播贝叶斯的最终图模型,该例使用参数 $\{\mu_p,\sigma_p^2\}$ 的独立高斯先验分布,KL 散度项可以通过闭式解进行解析计算。

$$\mathcal{L}_{\text{prior}}=\sum_{i=1}^{T}\log\frac{\sigma_p}{\sigma_i}+\frac{1}{2\sigma_p^2}[(\mu_i-\mu_p)^2+\sigma_i^2-\sigma_p^2] \tag{4.7}$$

求解关于 σ_i 和 μ_i 的导数相对而言比较简单。

P. 72

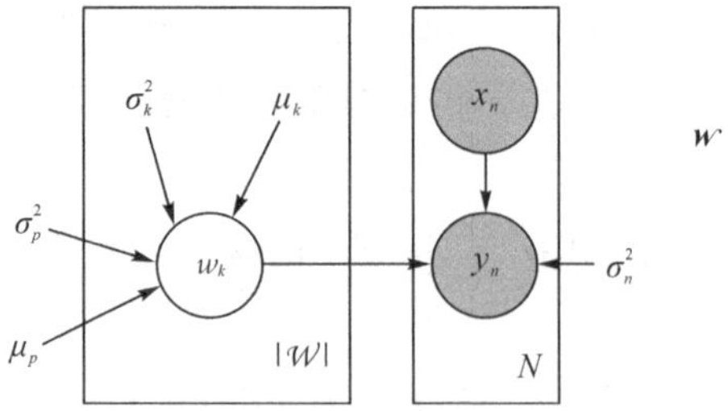

图 4.4 当模型基于反向传播贝叶斯算法时的概率图模型表示

观测输出 y_n 是模型在输入 x_n 下的噪声观测结果，其噪声的方差由固定参数 σ_n^2 确定。常数值 $\{\mu_p,\sigma_p^2\}$ 决定权重的高斯先验分布，而 $\{\mu_k,\sigma_k^2\}$ 决定其后验分布。

对于非共轭先验，例如高斯混合分布，可以从后验分布中提取样本来计算 KL 散度项的数值解。这种估计方法的优势在于允许使用更多的先验和变分后验分布的组合。虽然在系统中增加了一种逼近方法，但可以使用表现效果更好的先验分布，即非高斯分布，可能带来更好的结果。考虑到这种改变，不再将式(4.7)代入式(4.3)，而是写为

$$\mathcal{L} \approx \sum_{i=1}^{T} -\log p(\boldsymbol{d} \mid \boldsymbol{w}^{(i)}) + \log q(\boldsymbol{w}^{(i)};\boldsymbol{\psi}) - \log p(\boldsymbol{w}^{(i)}) \tag{4.8}$$

式中，$\boldsymbol{w}^{(i)}$ 表示从变分后验分布 $q(\boldsymbol{w};\boldsymbol{\psi})$ 中抽取的第 i 个蒙特卡罗样本（共抽取 T 个样本）。

当使用小批量样本优化时，即 $\boldsymbol{d}=\{d_j \mid 1\leqslant j\leqslant M\}$，重要的是要相应地调整目标函数中复杂性成本 $\mathcal{L}_{\text{prior}}$ 的缩放比例。式(4.7)涵盖了整个数据集，所以对式(4.3)中的损失 $\mathcal{L}_j$ 计算 M 次将导致复杂性损失 $\mathcal{L}_{\text{prior}}$ 计算 M 次而不是一次。$\mathcal{L}_{j_{\text{prior}}}$ 项应该加权，以便 $\mathcal{L}_{\text{prior}}=B_j\mathcal{L}_{j_{\text{prior}}}$。虽然均匀分布的权重 $B_j=1/M$ 似乎是一个自然的选择，但只要满足 $\sum_{j=1}^{M} B_j = 1$，也可以采用其他加权方式。文献[1]中提出了一种非均匀加权方案：$B_j=2^{M-j}/(2^M-1)$。在前几次迭代中，复杂度成本占主导地位，而在稍后的小批次训练中，随着更多数据的出现，数据似然成本 $\mathcal{L}_{j_{\text{data}}}$ 逐渐变得更加重要。

算法 1 总结了优化贝叶斯神经网络的过程，适用于带有参数 $\boldsymbol{\psi}=\{\boldsymbol{\mu},\boldsymbol{\rho}\}$ 的对角高斯变分后验分布，每次只用大小为 1 的小批量数据进行训练，同时在各个小批次训练中对复杂度项 $\mathcal{L}_{\text{prior}}$ 使用不均匀加权策略。

即使梯度估计器是无偏的，但基于蒙特卡罗方法的预测对数似然估计器是有偏的，因为非线性函数（即对数）扭曲了期望值。一般来说，所有基于蒙特卡罗方法的估计器都存在这种偏差，并且可以通过增加样本数量来减少偏差。

算法 1：反向传播贝叶斯算法

当不收敛时，执行 P.73

　　$\boldsymbol{w} \leftarrow \boldsymbol{\mu} + \log[1+\exp(\boldsymbol{\rho})] \odot \boldsymbol{\varepsilon}$，其中 $\boldsymbol{\varepsilon} \sim N(\boldsymbol{0},\boldsymbol{I})$

　　数据随机抽样 x_i

$i \leftarrow (i+1) \bmod N$

$\pi_i \leftarrow 2^{N-i}/2^{N-1}$

循环执行 $\boldsymbol{s} \in \{\boldsymbol{w}, \boldsymbol{\mu}, \boldsymbol{\rho}\}$

$\boldsymbol{g}_s \leftarrow -\nabla_s \log p(x_i \mid \boldsymbol{w}) + \pi_i (\nabla_s \log q(\boldsymbol{w}; \boldsymbol{\psi}) - \nabla_s \log p(\boldsymbol{w}))$

结束，执行

$\Delta\boldsymbol{\mu} \leftarrow \boldsymbol{g}_w + \boldsymbol{g}_\mu$

$\Delta\boldsymbol{\rho} \leftarrow \boldsymbol{g}_w \odot \boldsymbol{\varepsilon}/[1+\exp(-\boldsymbol{\rho})] + \boldsymbol{g}_\rho$

$\boldsymbol{\mu} \leftarrow \boldsymbol{\mu} - k\Delta\boldsymbol{\mu}$

$\boldsymbol{\rho} \leftarrow \boldsymbol{\rho} - k\Delta\boldsymbol{\rho}$

结束

下面详细介绍实用变分推断。反向传播贝叶斯算法实际上是建立在格拉夫斯(Graves)[13]的工作基础之上的，它以不同的方式解决了 $\mathcal{L}_{\text{data}}$ 导数无法以闭式形式表达的问题。在计算导数时没有使用重新参数化的技巧，而是利用了期望值是在高斯分布上计算的这一事实，并采用恒等式进行计算[23-24]：

$$\frac{\partial E_q[f(\boldsymbol{w})]}{\partial \mu_i} = E_q\left[\frac{\partial f(\boldsymbol{w})}{\partial w_i}\right] \tag{4.9}$$

$$\frac{\partial E_q[f(\boldsymbol{w})]}{\partial \sigma_i^2} = \frac{1}{2} E_q\left[\frac{\partial^2 f(\boldsymbol{w})}{\partial w_i^2}\right] \tag{4.10}$$

式中，通用函数 $f = -\log p(\boldsymbol{d} \mid \boldsymbol{w})$，其期望值 $E_q[f(\boldsymbol{w})] = \mathcal{L}_{\text{data}}$，即式(4.3)的似然代价项。这些恒等式作用明显，因为它们能够实现无偏的梯度估计，并且在进行蒙特卡罗积分时具有较小的方差。然而，式(4.10)需要二阶求导，即使平均场假设使我们不用计算完整的黑塞矩阵 $\nabla_w^2 \mathcal{L}_{\text{data}}$，但仍然需要计算其对角线上的元素。

使用广义高斯-牛顿法(generalized Gauss-Newton, GGN)对式(4.10)中的黑塞矩阵进行近似[25](见附录 A.3 节)，可以得到

P.74

$$\frac{\partial E_q[f(\boldsymbol{w})]}{\partial \sigma_i^2} = \frac{1}{2} E_q\left[\frac{\partial^2 f(\boldsymbol{w})}{\partial w_i^2}\right] \approx \frac{1}{2} E_q\left[\left(\frac{\partial f(\boldsymbol{w})}{\partial w_i}\right)^2\right] \tag{4.11}$$

这种近似方法使我们避免了求二阶导数，但在梯度估计中关于方差引入了偏差，也就是说，它的期望值不再与真实梯度相对应。

将 $\mathcal{L}_{\text{prior}}$ 和 $\mathcal{L}_{\text{data}}$ 两项的梯度放在一起，可得

$$\frac{\partial \mathcal{L}}{\partial \mu_i} \approx \frac{\mu_i - \mu_p}{\sigma_p^2} + \sum_{\boldsymbol{x} \in \mathcal{D}} \frac{1}{T} \sum_{k=1}^{T} \frac{\partial \log p(\boldsymbol{x} \mid \boldsymbol{w}^{(k)})}{\partial w_i} \tag{4.12}$$

$$\frac{\partial \mathcal{L}}{\partial \sigma_i^2} \approx \frac{1}{2}\left(\frac{1}{\sigma_p^2} - \frac{1}{\sigma_i^2}\right) + \sum_{\boldsymbol{x} \in \mathcal{D}} \frac{1}{T} \sum_{k=1}^{T} \left[\frac{\partial \log p(\boldsymbol{x} \mid \boldsymbol{w}^{(k)})}{\partial w_i}\right]^2 \tag{4.13}$$

式中，$\{w^{(k)}\}_{k=0}^{T}$ 是蒙特卡罗样本；$\boldsymbol{x}$ 是数据点，即输入、目标数据集合。然后用梯度下降法 $\Psi_{m+1}=\Psi_m-k\dfrac{\partial \mathcal{L}}{\partial \Psi_m}$ 优化式(4.3)中的目标函数。

与反向传播贝叶斯算法类似，观察式(4.13)可得，这种参数化算法可能导致 σ_i 取负值，因此需要引入外部约束。此外，实用变分推断所依据的概率图模型与图 4.4 中的模型相同。两种算法之间的差异体现在具体的实现上，并非建模假设。

算法 2 总结了利用假定密度滤波方法优化贝叶斯神经网络[13]的完整算法流程。所举的例子是带有参数为 $\boldsymbol{\psi}=\{\boldsymbol{\mu},\boldsymbol{\sigma}^2\}$ 的对角高斯变分后验分布和对角协方差矩阵为 $\sigma_p^2\boldsymbol{I}$ 的中心高斯先验分布，用大小为 1 的小批量数据训练，并在小批量数据中均匀分布复杂度项 $\mathcal{L}_{\text{prior}}$ 的权重。

算法 2：实用假定密度滤波

当不收敛时，执行
　　$\boldsymbol{w}\leftarrow\boldsymbol{\mu}+\sigma\odot\boldsymbol{\varepsilon}$，其中 $\boldsymbol{\varepsilon}\sim N(\boldsymbol{0},\boldsymbol{I})$
　　数据随机抽样 x_i
　　$\boldsymbol{g}\leftarrow-\nabla\log p(x_i\mid\boldsymbol{w})$
　　$\Delta\boldsymbol{\mu}\leftarrow(\boldsymbol{\mu}-\mu_p\boldsymbol{I})/(N\sigma_p^2)+\boldsymbol{g}$
　　$\Delta\boldsymbol{\sigma}^2\leftarrow(\boldsymbol{\sigma}^2-\sigma_p^2\boldsymbol{I})/(N\sigma_p^2\boldsymbol{\sigma}^2)+(\boldsymbol{g}\odot\boldsymbol{g})$
　　$\boldsymbol{\mu}\leftarrow\boldsymbol{\mu}-k\Delta\boldsymbol{\mu}$
　　$\boldsymbol{\sigma}^2\leftarrow\boldsymbol{\sigma}^2-k\Delta\boldsymbol{\sigma}^2$
结束

4.4 概率反向传播

概率反向传播解决了与反向传播贝叶斯相同的问题，但其方式却截然不同。 P.75
上一节的算法依赖于对变分推断方程的证据下界进行优化，而概率反向传播则采用假定密度滤波和期望传播，分别在 3.2.2 节和 3.2.3 节中进行了讨论。其结果是一个无参数(甚至没有学习率)的完全贝叶斯方法，它具有普通反向传播中的前向和后向阶段。但它不是在参数空间中进行梯度下降，而是在每次迭代时将新数据点的信息纳入后验近似值。尽管在文献[26]中已经提出了另一种基于期望传播的方法，但它侧重于二进制权重，其连续扩展表现不佳，不能估计后验方差。

在概率反向传播被提出后的第二年，其他研究人员为二类和多类分类问题开发了一个变体[27]。文献[28]中采用了概率反向传播架构，提出了一种在线算法，该算法利用矩阵变量高斯分布来模拟网络权重中的相关性。然而，在这里我们将只关注其用于回归任务的原始公式，因为这已经足够了。概率反向传播并未使用传统的反向模型自动微分，需要非平凡的自定义实现，这是它的主要缺点，也是它没有被广泛采用的原因。希望读者能够理解本书中技术上最困难的这一节。

与上述方法类似，概率反向传播假设网络权重彼此独立，并且存在精度为 γ 的加性高斯噪声 $N(\varepsilon|0,\gamma^{-1})$ 干扰观测值。对于本章中的其他方法，没有必要指定网络结构，因为它们可以在几乎没有调整的情况下对任意有向无环图进行正确的操作，但目前的方法专注于采用带有线性整流函数(rectified linear unit，ReLU)[29]的全连接层，即 $\max(0,x)$ 作为激活函数。尽管可以修改模型来适应不同的非线性，但数学推导非常繁琐，本节概述了这个过程。

概率反向传播的图模型如图 4.5 所示，其参数的完全后验分布为

$$p(\boldsymbol{w},\gamma,\lambda|\boldsymbol{x})=\frac{p(\boldsymbol{y}|\mathcal{W},\boldsymbol{x},\gamma)p(\boldsymbol{w}|\lambda)p(\lambda)p(\gamma)}{p(\boldsymbol{y}|\boldsymbol{x})}$$

$$\propto p(\boldsymbol{y}|\mathcal{W},\boldsymbol{x},\gamma)p(\boldsymbol{w}|\lambda)p(\lambda)p(\gamma) \tag{4.14}$$

式中，$p(\boldsymbol{y}|\boldsymbol{x})$ 为模型证据；$p(\boldsymbol{y}|\mathcal{W},\boldsymbol{x},\gamma)$ 为似然函数项定义的观测模型；$p(\boldsymbol{w}|\lambda)$ 为先验分布，其权重由精度为 λ 的单变量高斯分布组成，即

$$p(w_1,\cdots,w_{|\mathcal{W}|}|\lambda)=\prod_{w\in\mathcal{W}}N(\boldsymbol{w}|0,\lambda^{-1}) \tag{4.15}$$

P.76

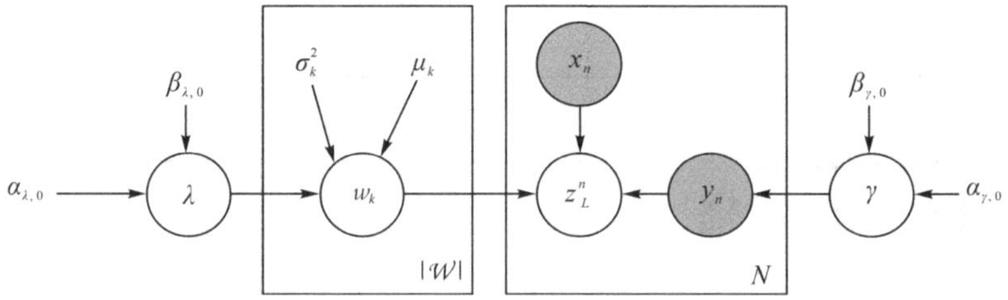

图 4.5　概率反向传播模型的概率图模型表示

在图 4.5 中，观测输出 y_n 是输入 x_n 对应模型输出 z_L^n 的带噪声的观测值。超参数 λ 决定了权重上的高斯先验分布的精度，而 γ 决定高斯观测模型的噪声的精度。

$p(\lambda)$ 和 $p(\gamma)$ 分别是关于似然函数和权重先验分布的精度超参数的超先验分布。对于这两个超先验分布，指定由下式给出的伽马分布 $Ga(z|\alpha,\beta)$：

$$p(z|\alpha,\beta)=\frac{\beta^{\alpha}}{\Gamma(\alpha)}z^{\alpha-1}\exp(-\beta z) \tag{4.16}$$

在 2.5 节中，我们证明了伽马分布是针对已知均值和未知精度参数的高斯分布的共轭先验。

从分析超参数对式(2.41)伽马后验分布的影响来看，我们对超参数进行了选择，使其所施加的先验较弱，从而不影响后验分布。γ 上的超先验分布具备类似的推理。

概率反向传播使用期望传播和假定密度滤波（分别对应 3.2.3 节和 3.2.2 节）通过每次遍历式(4.14)中的各个因子来更新近似分布的参数 $w_1,\cdots,w_{|\mathcal{W}|}$，$\alpha_\gamma$，$\beta_\gamma$，$\alpha_\lambda$ 和 β_λ 。

$$q(w_1,\cdots,w_{|\mathcal{W}|},\lambda,\gamma)=\left[\prod_{i=1}^{|\mathcal{W}|}N(w_i|\mu_i,\sigma_i^2)\right]Ga(\lambda|\alpha_\lambda,\beta_\lambda)Ga(\gamma|\alpha_\gamma,\beta_\gamma) \tag{4.17}$$

因此，因子的总数等于数据点的数量加上（超）先验的数量，也就是说，权重数量 $|\mathcal{W}|$ 加上两个精度参数的先验，共计 $|\mathcal{W}|+2$ 个因子。

由于期望传播需要存储近似因子来计算空腔分布（cavity distributions），因此在处理数据时不易扩展，其内存消耗会随着数据集变大而线性增大。因此，概率反向传播并没有对似然函数因子进行期望传播更新，而是多次重复执行假定密度滤波，也就是说，它不是仅遍历每个数据点一次，而是对同一项进行 N 次整合。虽然这种方法计算效率更高，但它可能会低估参数后验的方差。当人工观测到更多数据时，在无限数据的极限情况下，会导致后验分布在最大似然估计时崩溃，因为假设数据满足独立同分布的条件。然而，在重复观测时，情况显然不一样。因此，不建议概率反向传播运行多次。建议少于 100 次，在 4.7 节的例子中，程序运行了 40 次。然而，概率反向传播专门为大型数据集设计，因此实际操作时的受限显得并不重要，但还是需要记住这一点。 P.77

当前分析的模型和原始工作中采用的模型规模相当小，即一个隐藏层有 50 个单元，所以执行期望传播更新仍然可行。事实上，这和文献[2]的研究一致。而在现代网络中，通常包含几十万个参数，期望传播的问题再次显现，所以假定密度滤波才是可行之径。

假定密度滤波更新将真实项 $f_i(w_1,\cdots,w_{|\mathcal{W}|},\lambda,\gamma)$ 加入到当前的近似分布 $q(w_1,\cdots,w_{|\mathcal{W}|},\lambda,\gamma)$ 中，更新后的近似分布为

$$K^{-1}f(w_1,\cdots,w_{|\mathcal{W}|},\lambda,\gamma)q(w_1,\cdots,w_{|\mathcal{W}|},\lambda,\gamma) \tag{4.18}$$

式中，K^{-1} 为归一化常数，用来确保 $q(w_1,\cdots,w_{|\mathcal{W}|},\lambda,\gamma)$ 为合适的概率分布。这一步通常会导致分布相对于所要求的函数形式发生变化。为了保持近似的可操作

性，我们将其重新投影至引入真实因子前所处的同一分类中，即最小化式(4.18)中的项和新分布 q_{new} 之间的 KL 散度，其中 $q_{\text{new}}(w_1,\cdots,w_{|\mathcal{W}|},\lambda,\gamma)$ 和 $w_1,\cdots,w_{|\mathcal{W}|}$，$\lambda,\gamma$ 有关。如式(3.40)所示，这相当于匹配两个分布的矩，而且每次更新都由一个迭代的确定性过程组成，所以无须像其他方法那样用学习率来调节步长的大小。

初始时，我们没有任何信息，除非有先验的领域知识，否则可以进行参数初始化使 q 实际上是均匀分布。这相当于为每一个权重设置 $\alpha_\lambda=\alpha_\gamma=1,\beta_\lambda=\beta_\gamma=0,\mu=0,\sigma^2=\infty$。

本节其余部分分为 3 个不同的小节，解释了各种类型的项是如何被引入模型的。

4.4.1 引入超先验概率分布 $p(\lambda)$ 和 $p(\gamma)$

P.78 首先将 λ 和 γ 的先验分布引入近似模型。如式(2.41)所示，先验精度伽马分布与正态分布的乘积结果是一个与伽马分布具有相同函数形式的分布。这正是式(4.14)的情况，即

$$\begin{aligned} q_{\text{new}}(w_1,\cdots,w_{|\mathcal{W}|},\lambda,\gamma) &\propto [\lambda^{\alpha_\lambda-1}\exp(-\lambda\beta_\lambda)][\lambda^{\alpha_{\lambda,0}-1}\exp(-\lambda\beta_{\lambda,0})] \\ &\propto \lambda^{\alpha_\lambda-1+\alpha_{\lambda,0}-1}\exp[-\lambda(\beta_{\lambda,0}+\beta_\lambda)] \end{aligned} \tag{4.19}$$

因此，将伽马先验因子引入 q，并考虑到 $\alpha_\lambda=1,\beta_\lambda=0$，相当于令参数 γ 和 λ 的值产生以下增量：

$$\begin{aligned} \alpha_{\gamma,\text{ new}} &= \alpha_\gamma+\alpha_{\gamma,0}-1=\alpha_{\gamma,0} \\ \beta_{\gamma,\text{ new}} &= \beta_\gamma+\beta_{\gamma,0}=\beta_{\gamma,0} \end{aligned} \tag{4.20}$$

式中，我们使用了前面定义的值，即 $\alpha_\lambda=\alpha_\gamma=1$，$\beta_\lambda=\beta_\gamma=0$。由于这些关系中没有近似值，因此没有信息损失，超先验分布仅需要被引入一次。

4.4.2 在先验概率分布中引入权重 $p(w \mid \lambda)$

接下来，我们将权重的先验分布 $\boldsymbol{w}\in\mathcal{W}$ 纳入考虑范围。纳入后未归一化的平移分布为

$$q(w_1,\cdots,w_{|\mathcal{W}|},\gamma,\lambda)N(w_j \mid 0,\lambda^{-1}) \tag{4.21}$$

而归一化常数为

$$K=\int q(w_1,\cdots,w_{|w|},\gamma,\lambda)N(w_j|0,\lambda^{-1})\mathrm{d}\boldsymbol{w}\mathrm{d}\gamma\mathrm{d}\lambda$$

$$=\int \underbrace{\prod_{i=1}^{|w|}N(w_i|\mu_i,\sigma_i^2)Ga(\lambda|\alpha_\lambda,\beta_\lambda)Ga(\gamma|\alpha_\gamma,\beta_\gamma)}_{q(w_1,\cdots,w_{|w|},\gamma,\lambda)}\times$$

$$N(w_j|0,\lambda^{-1})\mathrm{d}w_1\cdots\mathrm{d}w_{|w|}\mathrm{d}\gamma\mathrm{d}\lambda \tag{4.22}$$

$$=\int N(w_j|\mu_j,\sigma_j^2)\left[\int N(w_j|0,\lambda^{-1})Ga(\lambda|\alpha_\lambda,\beta_\lambda)\mathrm{d}\lambda\right]\mathrm{d}w_j$$

$$=\int N(w_j|\mu_j,\sigma_j^2)\mathcal{T}_{2\alpha_\lambda}(w_j|0,\beta_\lambda/\alpha_\lambda)\mathrm{d}w_j$$

式中，我们使用了附录式(A. 34)中证明的结果，即伽马分布和高斯分布的乘积的积分是附录式(A. 35)中定义的学生 t 分布。我们继续计算 K，通过用一个均值和方差相同的高斯分布来近似估计学生 t 分布 $\mathcal{T}_{2\alpha_\lambda}(w_j|0,\beta_\lambda/\alpha_\lambda)$，当自由度 v 足够大(即 α_λ 较大)时，这种近似是在合理范围内的。因此，继续计算 K： P.79

$$K\approx\int N(w_j|\mu_j,\sigma_j^2)N(w_j|0,\beta_\lambda/(\alpha_\lambda-1))\mathrm{d}w_j$$

$$=\int N\left(\mu_j\left|0,\sigma_j^2+\frac{\beta_\lambda}{\alpha_\lambda-1}\right.\right)N\left(w_j\left|\frac{\lambda(\alpha_\lambda-1)}{\beta_\lambda+\alpha_\lambda-1}\frac{\mu}{\sigma^2},\frac{\lambda(\alpha_\lambda-1)}{\beta_\lambda+\alpha_\lambda-1}\right.\right)\mathrm{d}w_j$$

$$=N\left(\mu_j\left|0,\sigma_j^2+\frac{\beta_\lambda}{\alpha_\lambda-1}\right.\right)\int N\left(w_j\left|\frac{\lambda(\alpha_\lambda-1)}{\beta_\lambda+\alpha_\lambda-1}\frac{\mu}{\sigma^2},\frac{\lambda(\alpha_\lambda-1)}{\beta_\lambda+\alpha_\lambda-1}\right.\right)\mathrm{d}w_j \tag{4.23}$$

$$=N\left(\mu_j\left|0,\sigma_j^2+\frac{\beta_\lambda}{\alpha_\lambda-1}\right.\right)$$

我们知道两个高斯分布的乘积仍是高斯分布，可表示为

$$N(w_j|\mu_1,\sigma_1^2)N(w_j|\mu_2,\sigma_2^2)=N(\mu_1|\mu_2,\sigma_1^2+\sigma_2^2)N(w_j|\mu,\sigma^2) \tag{4.24}$$

式中，$\sigma^2=(\sigma_1^{-2}+\sigma_2^{-2})^{-1}$，$\mu=\sigma^2(\mu_1\sigma_1^2+\mu_2\sigma_2^2)$。

4.4.2.1　关于 α_λ 和 β_λ 的更新方程

更新后验近似分布意味着使其矩与偏移分布 $s=K^{-1}q(w_1,\cdots,w_{|w|},\gamma,\lambda)\cdot N(w_j|0,\lambda^{-1})$的矩相匹配。然而，$\lambda$ 的充分统计量没有封闭的形式，所以我们仅通过匹配它的一阶矩和二阶矩来更新它的参数 β_λ 和 α_λ，这种方法仍然能产生良好的结果[30]。

现在让我们来推导这些更新公式。我们首先注意到式(4.23)中的 K 是 μ_j、σ_j^2、β_λ 和 α_λ 的函数。为了明确 K 对 β_λ 和 α_λ 的依赖关系，我们将它记为 $K(\beta_\lambda,\alpha_\lambda)$。此外，为了表达简洁起见，我们可以把 $q(w_1,\cdots,w_{|w|},\gamma,\lambda)N(w_j|0,\lambda^{-1})$表示为

$f(\lambda)Ga(\lambda|\alpha_\lambda,\beta_\lambda)$，并计算出

P. 80

$$
\begin{aligned}
E_q[\lambda] &= \frac{1}{K(\beta_\lambda,\alpha_\lambda)}\int \lambda f(\lambda)Ga(\lambda|\alpha_\lambda,\beta_\lambda)\mathrm{d}\lambda \\
&= \frac{1}{K(\beta_\lambda,\alpha_\lambda)}\int \frac{\alpha_\lambda}{\beta_\lambda}f(\lambda)Ga(\lambda|\alpha_\lambda+1,\beta_\lambda)\mathrm{d}\lambda \\
&= \frac{1}{K(\beta_\lambda,\alpha_\lambda)}\left[\frac{\alpha_\lambda}{\beta_\lambda}K(\alpha_\lambda+1,\beta_\lambda)\right] \\
&= \frac{K(\alpha_\lambda+1,\beta_\lambda)\alpha_\lambda}{K(\alpha_\lambda,\beta_\lambda)\beta_\lambda}
\end{aligned}
\tag{4.25}
$$

类似地，可以得到二阶矩：

$$
E_q[\lambda^2] = \frac{K(\alpha_\lambda+2,\beta_\lambda)\alpha_\lambda(\alpha_\lambda+1)}{K(\alpha_\lambda,\beta_\lambda)\beta_\lambda^2} \tag{4.26}
$$

回顾有关伽马分布的式(4.16)，令其与上述表达式相等，得到

$$
\frac{\alpha_{\lambda,\,\mathrm{new}}}{\beta_{\lambda,\,\mathrm{new}}} = \frac{K(\alpha_\lambda+1,\beta_\lambda)\alpha_\lambda}{K(\beta_\lambda,\alpha_\lambda)\beta_\lambda} \tag{4.27}
$$

$$
\frac{\alpha_{\lambda,\,\mathrm{new}}}{\beta_{\lambda,\,\mathrm{new}}^2} = \frac{K(\alpha_\lambda+2,\beta_\lambda)\alpha_\lambda(\alpha_\lambda+1)}{K(\beta_\lambda,\alpha_\lambda)\beta^2} - \left[\frac{K(\alpha_\lambda+1,\beta_\lambda)\alpha_\lambda}{K(\beta_\lambda,\alpha_\lambda)\beta_\lambda}\right]^2 \tag{4.28}
$$

求解上述方程的 $\alpha_{\lambda,\mathrm{new}}$ 和 $\beta_{\lambda,\,\mathrm{new}}$，并缩写归一化系数 $K_0 = K(\alpha_\lambda,\beta_\lambda)$，$K_1 = K(\alpha_\lambda+1,\beta_\lambda)$ 和 $K_2 = K(\alpha_\lambda+2,\beta_\lambda)$，最终得到

$$
\alpha_{\lambda,\,\mathrm{new}} = [K_0K_2K_1^{-2}(\alpha_\lambda+1)\alpha_\lambda^{-1}-1]^{-1} \tag{4.29}
$$

$$
\beta_{\lambda,\,\mathrm{new}} = [K_2K_1^{-1}(\alpha_\lambda+1)\beta_\lambda^{-1} - K_1K_0^{-1}\alpha_\lambda\beta_\lambda^{-1}]^{-1} \tag{4.30}
$$

这就是关于精度参数 λ 的伽马分布的更新方程。

4.4.2.2 关于 μ 和 σ^2 的更新方程

我们还需要确定在将给定随机权重的先验分布引入后验分布时，该权重的均值和方差参数会发生怎样的变化。本节的推导与文献[31]密切相关。

我们首先注意到，为便于表示，偏移分布可以写成 $s = K^{-1}f(w_i)N(w_i\mid\mu_i,\sigma_i^2)$，其中 $f(w_i)$ 包含了所有除 $N(w_i|\mu_i,\sigma_i^2)$ 以外的因子，即

$$
q(w_1,\cdots,w_{|w|},\gamma,\lambda)N(w_i|0,\gamma^{-1}) \tag{4.31}
$$

我们将其显式写出。

对于 μ_i，可以从一个容易验证的恒等式出发：

$$
\nabla_{\mu_i}N(w_i|\mu_i,\sigma_i^2) = \sigma_i^{-2}(w_i-\mu_i)N(w_i|\mu_i,\sigma_i^2) \tag{4.32}
$$

P. 81 将其重新排列为

$$
w_iN(w_i|\mu_i,\sigma_i^2) = \mu_iN(w_i|\mu_i,\sigma_i^2) + \sigma_i^2\,\nabla_\mu N(w_i|\mu_i,\sigma_i^2) \tag{4.33}
$$

两边都乘以 $K^{-1}f(w_i)$，并对 w_i 进行积分，可得

$$\int w_i K^{-1} f(w_i) N(w_i \mid \mu_i, \sigma^2) \mathrm{d}w_i = \int \mu K^{-1} f(w_i) N(w_i \mid \mu_i, \sigma^2) \mathrm{d}w_i + \int \sigma^2 K^{-1} f(w_i) \nabla_\mu N(w_i \mid \mu_i, \sigma^2) \mathrm{d}w_i \tag{4.34}$$

$$\begin{aligned} E_s[w_i] &= \mu + \sigma^2 K^{-1} \left[\nabla_\mu \int f(w_i) N(w_i \mid \mu_i, \sigma^2) \mathrm{d}w_i \right] \\ &= \mu + \sigma^2 K^{-1} \ \nabla_\mu K \\ &= \mu + \sigma^2 \ \nabla_\mu \log K \end{aligned} \tag{4.35}$$

由于要更新的分布 $N(w_i \mid \mu_i, \sigma^2)$ 的一阶矩是 μ_i，因此更新公式为

$$\mu_{i,\text{new}} = \mu + \sigma^2 \ \nabla_\mu \log K \tag{4.36}$$

关于 σ_i^2 的导数近似表示为

$$\nabla_{\sigma_i^2} N(w_i \mid \mu_i, \sigma^2) = \frac{\sigma_i^{-2}}{2} [-1 + \sigma_i^{-2} \ (w_i - \mu_i)^2] N(w_i \mid \mu_i, \sigma^2) \tag{4.37}$$

并按照之前对 μ_i 所采用的步骤进行推导，我们得出 $E_s[w_i^2] = \sigma_i^2 + 2\ (\sigma_i^2)^2 \ \nabla_{\sigma_i^2} \log K$ 。因此，偏移分布的方差为

$$\mathrm{Var}(w_i) = E_s[w_i^2] - (E_s[w_i])^2 = \sigma_i^2 - (\sigma_i^2)^2 [(\nabla_\mu \log K)^2 - 2 \ \nabla_{\sigma_i^2} \log K] \tag{4.38}$$

由此，更新后的正态分布权重的方差为

$$\sigma_{i,\ \text{new}}^2 = \sigma_i^2 - (\sigma_i^2)^2 [(\nabla_\mu \log K)^2 - 2 \ \nabla_{\sigma_i^2} \log K] \tag{4.39}$$

尽管我们推导的是用于执行假定密度滤波的规则，即仅纳入模型的个体真实因子，而没有移除需要更新的近似因子，但将其拓展到期望传播相对简单。它们之间的关键区别是：

（1）追踪每个近似因子的参数。 P.82

（2）在更新之前，从后验分布中移除与即将被纳入的真实因子（空腔分布）相关的近似因子，实际上这意味着从后验分布的参数中减去它们的贡献。

4.4.3　纳入似然因子

为了将来自某个数据点的信息纳入模型，我们通过网络向前传递信息。假设该模型是一个全连接的多层网络，在输入之后的每一层，概率反向传播都会用一个具有相同均值和方差的高斯分布来近似该层输出激活值的分布，从而下一层的输入也服从高斯分布。在最后一层，我们得到了给定输入 $\boldsymbol{x}_i$ 时输出 $\boldsymbol{y}_i$ 的分布。然后我们应用观测模型，即带有精度 γ 的加性高斯噪声，从而得到 $p(\boldsymbol{y}_i \mid \boldsymbol{x}_i, \boldsymbol{W}, \gamma) =$

$N(\boldsymbol{y}_i \mid f(\boldsymbol{x}_i,\boldsymbol{W}),\gamma^{-1})$。随后，似然因子会按之前的常规方式被引入后验近似分布：我们通过将后验分布乘以当前数据点产生的似然因子来实现分布偏移，计算所得分布的一阶矩和二阶矩，并更新参数以获得这些矩。

请注意，在式(4.29)、式(4.30)、式(4.36)、式(4.39)的推导过程中，我们并未对引入后验近似分布的因子设定任何特定形式。因此，同样的公式可以再次用于处理似然因子，唯一的区别在于归一化常数 K 的具体表达式。以下我们将揭示似然因子 $N(\boldsymbol{y}_i \mid f(\boldsymbol{x}_i,\boldsymbol{W}),\gamma^{-1})$ 中 K 的表达式。

考虑一个具有 L 层的网络，第 l 层有 V_l 个单元，接受向量形式的输入 $\boldsymbol{x}_i$。因此，每一层的输出 $\boldsymbol{z}_l$ 可以排列成一个向量，两个连续层之间的权重可以排列成一个维度为 $V_l \times (V_{l-1}+1)$ 的权重矩阵 $\boldsymbol{W}_l$，其中的"$+1$"源于包含一个偏置项。第 l 层的预激活函数由 $\boldsymbol{a}_l = \boldsymbol{W}\boldsymbol{z}_{l-1}/\sqrt{V_{l-1}+1}$ 给出，对于除最后一层以外的所有层，这将根据被称为 ReLU 的非线性映射 $\max(a,0)$ 进行转换。

我们做了一个简化的假设，即网络在最后一层即第 L 层的输出 $\boldsymbol{z}_L$ 呈高斯分布，并继续计算相关偏移分布的归一化常数 K，即

P. 83

$$
\begin{aligned}
K &= \int q(\boldsymbol{w},\gamma,\lambda) N(\boldsymbol{y}_i \mid f(\boldsymbol{x}_i,\boldsymbol{w}),\gamma^{-1})\,\mathrm{d}\boldsymbol{w}\,\mathrm{d}\gamma\,\mathrm{d}\lambda \\
&\approx \int q(\boldsymbol{w},\gamma,\lambda) N(\boldsymbol{y}_i \mid \boldsymbol{z}_L,\gamma^{-1}) N(\boldsymbol{z}_L \mid \mu_{z_L},\sigma^2_{z_L})\,\mathrm{d}\boldsymbol{w}\,\mathrm{d}\boldsymbol{z}_L\,\mathrm{d}\gamma\,\mathrm{d}\lambda \\
&= \int Ga(\gamma \mid \alpha_\gamma,\beta_\gamma) N(\boldsymbol{y}_i \mid \boldsymbol{z}_L,\gamma^{-1}) N(\boldsymbol{z}_L \mid \mu_{z_L},\sigma^2_{z_L})\,\mathrm{d}\boldsymbol{z}_L\,\mathrm{d}\gamma \\
&= \int \mathcal{T}_{2\alpha_\gamma}(\boldsymbol{y}_i \mid \boldsymbol{z}_L,\beta_\gamma/\alpha_\gamma) N(\boldsymbol{z}_L \mid \mu_{z_L},\sigma^2_{z_L})\,\mathrm{d}\boldsymbol{z}_L \\
&\approx \int N(\boldsymbol{y}_i \mid \boldsymbol{z}_L,\beta_\gamma/(\alpha_\gamma-1)) N(\boldsymbol{z}_L \mid \mu_{z_L},\sigma^2_{z_L})\,\mathrm{d}\boldsymbol{z}_L \\
&= N(\boldsymbol{y}_i \mid \mu_{z_L},\beta_\gamma/(\alpha_\gamma-1)+\sigma^2_{z_L})
\end{aligned}
\tag{4.40}
$$

式中，我们遵循相同的步骤，并进行了与式(4.23)的推导相同的近似过程。

计算最后一层 $\boldsymbol{z}_L$ 的均值 μ_{z_L} 和方差 $\sigma^2_{z_L}$，相当于将输入通过整个网络传播。如果假设第 $l-1$ 层的输出 $\boldsymbol{z}_{l-1}$ 服从高斯分布，其均值和方差分别为 $\mu_{z_{l-1}}$ 和 $\sigma^2_{z_{l-1}}$，且协方差矩阵为对角阵，则可以根据以下公式计算出下一层的预激活函数 $\boldsymbol{a}_l$ 的均值和方差：

$$
\mu_{a_l} = E\left[\boldsymbol{W}_l\boldsymbol{z}_{l-1}/\sqrt{V_{l-1}+1}\right] = \overline{\boldsymbol{w}}_l\boldsymbol{z}_{l-1}/\sqrt{V_{l-1}+1} \tag{4.41}
$$

$$
\begin{aligned}
\sigma_{\boldsymbol{a}_l}^2 &= \mathrm{Var}\left(\boldsymbol{W}_l\, \boldsymbol{z}_{l-1} / \sqrt{V_{l-1}+1}\right) \\
&= \frac{1}{V_{l-1}+1}\left[\left(E[\boldsymbol{W}_l]\right)^2 \mathrm{Var}(\boldsymbol{z}_{l-1}) + \mathrm{Var}(\boldsymbol{W}_l)\left(E[\boldsymbol{z}_{l-1}]\right)^2 + \right. \\
&\quad \left. \mathrm{Var}(\boldsymbol{W}_l)\mathrm{Var}(\boldsymbol{z}_{l-1})\right] \\
&= \frac{1}{V_{l-1}+1}\left[(\overline{\boldsymbol{W}}_l \odot \overline{\boldsymbol{W}}_l)\sigma_{\boldsymbol{z}_{l-1}}^2 + \boldsymbol{V}_l(\mu_{\boldsymbol{z}_{l-1}} \odot \mu_{\boldsymbol{z}_{l}-1}) + \boldsymbol{V}_l \sigma_{\boldsymbol{z}_{l-1}}^2\right]
\end{aligned}
\tag{4.42}
$$

式中，$\overline{\boldsymbol{W}}_l$ 和 $\boldsymbol{V}_l$ 是 $\boldsymbol{W}_l$ 中权重的均值和方差矩阵，其值由模型中对应的高斯因子决定。

如果 l 层的输入数量 V_{l-1} 足够大，并且进一步假设 $\boldsymbol{a}_l$ 的各项彼此独立，那么根据中心极限定理，表明预激活函数 $\boldsymbol{a}_l$ 是具有上述平均值和方差的正态分布。

我们现在考虑非线性激活函数对 $\boldsymbol{a}_l$ 的影响。如图 4.6 所示，$\max(0, a_{i,l})$ 操作使所有分布在 $\mathbb{R}^-$ 上的概率密度集中在零位置。由此产生的分布被称为修正线性高斯分布，其概率密度函数为

$$
N(a_{i,l}; \mu_{i,l}, \sigma_{i,l}^2) = \Phi\left(-\frac{\mu_{i,l}}{\sigma_{i,l}}\right)\delta(a_{i,l}) + \frac{1}{\sqrt{2\pi\sigma_{i,l}^2}} \mathrm{e}^{-\frac{(a_{i,l}-\mu_{i,l})^2}{2\sigma_{i,l}^2}} U(a_{i,l}) \tag{4.43}
$$

式中，μ、σ^2 是修正前高斯分布的均值和方差；$\Phi(\cdot)$是标准高斯分布在指定点的分 P. 84
布函数；$\delta(\cdot)$是狄拉克脉冲函数；$U(\cdot)$是单位阶跃函数。其平均值和方差为

$$
\mu_{z_{i,l}} = \Phi\left(\frac{\mu_{a_{i,l}}}{\sigma_{a_{i,l}}}\right)\mu_{a_{i,l}} + \sigma_{a_{i,l}}\phi\left(-\frac{\mu_{a_{i,l}}}{\sigma_{a_{i,l}}}\right) \tag{4.44}
$$

$$
\sigma_{a_{i,l}}^2 = m(\mu_{a_{i,l}} + \sigma_{a_{i,l}}\kappa)\Phi\left(-\frac{\mu_{a_{i,l}}}{\sigma_{a_{i,l}}}\right) + \Phi\left(\frac{\mu_{a_{i,l}}}{\sigma_{a_{i,l}}}\right)\sigma_{a_{i,l}}^2\left[1-\kappa\left(\kappa+\frac{\mu_{a_{i,l}}}{\sigma_{a_{i,l}}}\right)\right] \tag{4.45}
$$

式中，$\kappa = \phi\left(-\frac{\mu_{a_{i,l}}}{\sigma_{a_{i,l}}}\right) \Big/ \Phi\left(\frac{\mu_{a_{i,l}}}{\sigma_{a_{i,l}}}\right)$；$\phi(\cdot)$ 是标准高斯分布在指定点的概率密度函数。

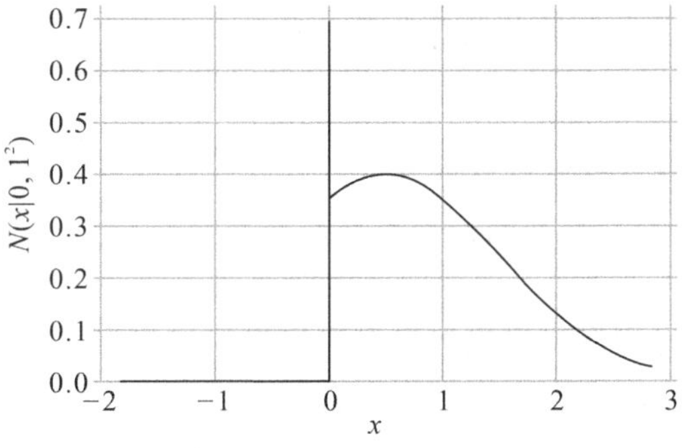

图 4.6　修正线性高斯分布 $N(x \mid 0, 1^2)$ 的概率密度函数

然后，相应层的输出分布是一个高斯分布，其参数由上述公式确定，并附加一个我们为偏置项添加的额外元素，它的均值为单位向量 $\boldsymbol{e}$，方差为零向量 $\mathbf{0}$。然后，找到 μ_{z_L} 和 $\sigma_{z_L}^2$ 的值，包括对每个数据点 $(\boldsymbol{x}_i,\boldsymbol{y}_i)$ 从第一层到最后一层迭代地计算式(4.41)、式(4.42)、式(4.44)和式(4.45)。

我们在表 4.1 中总结了概率反向传播分布包含的诸多因素，并强调了每个因素的数量。算法 3 中提供了假定密度滤波更新方法的步骤。我们将负责计算输出分布 $N(\boldsymbol{y}_i \mid f(\boldsymbol{x}_i,\boldsymbol{w}),\gamma^{-1})$ 的前向传播压缩为第 17 行的一个步骤。值得注意的是，文献[2]假设输入是归一化的，即零均值和单位方差。因此，我们需要在模型处
P. 85 理数据之前对其进行归一化处理，然后对得到的输出再进行去归一化处理。

表 4.1 反向概率传播的因子、分布和数量

符号	类型	分布情况	数量
$p(\lambda)$	超先验分布	$Ga(\lambda \mid \alpha_\lambda,\beta_\lambda)$	1
$p(\gamma)$	超先验分布	$Ga(\gamma \mid \alpha_\gamma,\beta_\gamma)$	1
$p(w_j \mid \lambda)$	先验分布	$N(w_j \mid 0,\lambda^{-1})$	$\lvert\mathcal{W}\rvert$
$p(\boldsymbol{y}_j \mid \boldsymbol{w},\boldsymbol{x}_j,\gamma)$	似然函数	$N(\boldsymbol{y}_j \mid f(\boldsymbol{x}_j,\boldsymbol{w}),\gamma^{-1})$	N

算法 3：概率反向传播算法

01：初始化参数 $\alpha_\lambda,\alpha_\gamma,\beta_\lambda,\beta_\gamma,\{\mu_j,\sigma_j^2\}_{j=0}^{\lvert\mathcal{W}\rvert}$

02：对 $s \in \{\lambda,\gamma\}$ 执行

03：　　$\alpha_s \leftarrow \alpha_s + \alpha_{s,0} - 1$

04：　　$\beta_s \leftarrow \beta_s + \beta_{s,0}$

05：循环结束

06：未收敛时执行

07：　　当 j 从 1 到 $\lvert\mathcal{W}\rvert$ 时，执行

08：　　当 s 从 0 到 2 时，执行

09：　　$K_s \leftarrow N(\mu_j \mid 0,\sigma_j^2 + \beta_\lambda/(\alpha_\lambda - 1 + s))$

10：　　循环结束

11：　　$\alpha_\lambda \leftarrow [K_0 K_2 K_1^{-2}(\alpha_\lambda + 1)\alpha_\lambda^{-1} - 1]^{-1}$

12：　　$\beta_\lambda \leftarrow [K_2 K_1^{-1}(\alpha_\lambda + 1)\beta_\lambda^{-1} - K_1 K_0^{-1}\alpha_\lambda\beta_\lambda^{-1}]^{-1}$

$\mu_j \leftarrow \mu_j + \sigma^2 \nabla_\mu \log K_0$
$\sigma_j^2 \leftarrow \sigma_j^2 - (\sigma_j^2)^2[(\nabla_{\mu_j} \log K_0)^2 - 2\nabla_{\sigma_j^2} \log K_0]$
循环结束
当 j 从 1 到 N 时，执行
$\mu_{z_L}, \sigma_{z_L}^2 \leftarrow f(\boldsymbol{x}_j, \boldsymbol{w})$
当 s 从 0 到 2 时，执行
$K_s \leftarrow N(\boldsymbol{y}_i \mid \mu_{z_L}, \sigma_{z_L}^2) + \beta_\gamma/(\alpha_\gamma - 1 + s)$
循环结束
$\alpha_\gamma \leftarrow [K_0 K_2 K_1^{-2}(\alpha_\gamma + 1)\alpha_\gamma^{-1} - 1]^{-1}$
$\beta_\gamma \leftarrow [K_2 K_1^{-1}(\alpha_\gamma + 1)\beta_\gamma^{-1} - K_1 K_0^{-1}\alpha_\gamma\beta_\gamma^{-1}]^{-1}$
$\mu_j \leftarrow \mu_j + \sigma^2 \nabla_\mu \log K_0$
$\sigma_j^2 \leftarrow \sigma_j^2 - (\sigma_j^2)^2[(\nabla_{\mu_j} \log K_0)^2 - 2\nabla_{\sigma_j^2} \log K_0]$
循环结束
终止

4.5 蒙特卡罗丢弃

蒙特卡罗丢弃算法[13]通常被称为 MC 丢弃，源于将 dropout[32]重新解释为一种近似贝叶斯推断的方法。因此，在训练和测试过程中均使用 dropout，可以获得贝叶斯推断和模型不确定性度量的优势。 P.86

4.5.1 dropout

首先，我们回顾一下 dropout。简而言之，它是一种随机的正则化技术，以避免模型对数据过度拟合。其基本思想是训练时采用随机的乘法噪声破坏模型的单元。在数学上，它相当于用随机向量 $\boldsymbol{\varepsilon}_l$ 来点乘第 l 层的输入 $\boldsymbol{h}_l$，得到 $\widehat{\boldsymbol{h}}_l = \boldsymbol{h}_l \odot \boldsymbol{\varepsilon}_l$。

在伯努利随机丢弃的情况下，第 l 层的每个单元 $h_{j,l}$ 以概率 $1-p$ 被随机丢弃，即它的输出值在每次迭代时根据 $\varepsilon_{j,l} \sim \mathrm{Bern}(p)$ 被设置为零，如图 4.7 所示。丢弃的单元会导致在每次迭代中使用不同的子网络，其参数会大大减少(例如，图 4.7 中使用 15 个而不是 55 个)。测试时，所有的单元都被保留，如同使用包含所有子网络的集成模型进行评估。将一个单元的输出设置为零，相当于将该单元从网络中丢弃(随机失活)。该节点的输入也变得无关紧要，因为它们不再向前传播，所以我们在图 4.7(b)中移除它们。

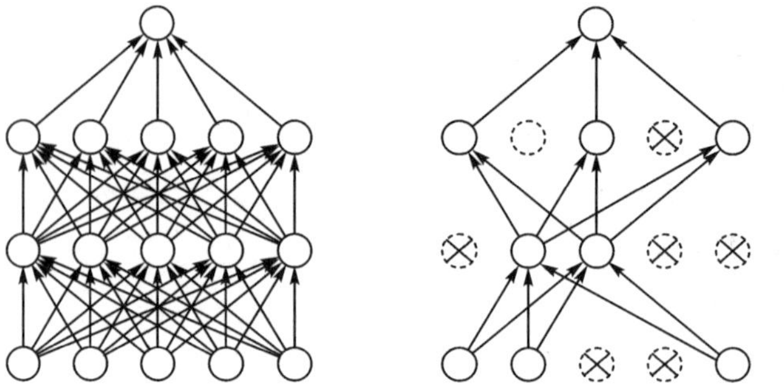

(a) 标准神经网络　　(b) 随机丢弃后的神经网络

图 4.7　伯努利随机丢弃对网络的影响

其他研究还提出了不同类型的噪声形式。例如,在文献[32]和文献[33]中,斯里瓦斯塔瓦(Srivastava)等研究了用乘法高斯噪声破坏激活函数;在文献[34]中,万(Wan)等则提出为每个权重独立地注入噪声,而不是作用于输入。后一种技术被称为随机连接丢弃(dropconnect)。

P. 87
4.5.2　贝叶斯理论

使用随机丢弃优化模型和近似贝叶斯推断模型会产生类似的目标函数,具有类似的随机梯度更新步骤。两者非常相似,甚至在某些条件下可以认为它们是等价的。虽然我们在这里仅考虑伯努利随机丢弃,但对其他类型的噪声也可以类似分析。

首先回顾一下确定性参数 Θ 的标准神经网络的代价函数 $f(\cdot;\Theta)$:

$$\mathcal{L}=\mathcal{L}_{\text{data}}(\mathcal{D},f(\cdot;\Theta))+\mathcal{L}_{\text{reg}}(\Theta) \tag{4.46}$$

式中,第一项是与数据相关的,衡量模型的预测误差;第二项是一个正则化项,防止过拟合。考虑一个回归任务,设数据集 $\mathcal{D}=\{(\boldsymbol{x}_i,\boldsymbol{y}_i)\mid 1\leqslant i\leqslant N\}$,模型参数为 $\Theta=\{\boldsymbol{M}_l\mid 1\leqslant l\leqslant L\}$,$\mathcal{L}_{\text{reg}}$ 为强度因子为 $\lambda_{\boldsymbol{M}}$ 的 l_2 范数,则式(4.46)可写为

$$\mathcal{L}=\frac{1}{|\mathcal{D}|}\sum_{(\boldsymbol{x},\boldsymbol{y})\in\mathcal{D}}\frac{1}{2}[\boldsymbol{y}-f(\boldsymbol{x};\Theta)]^2+\sum_{\boldsymbol{M}\in\Theta}\lambda_{\boldsymbol{M}}\|\boldsymbol{M}\|_2^2 \tag{4.47}$$

如果我们不把 dropout 看作破坏某层的输入,而是破坏相应的权重,那么对于任意一个激活函数为 $g_l(\cdot)$ 的中间层 l,其表达式为

$$
\begin{aligned}
\boldsymbol{h}_l &= g_l(\boldsymbol{M}_l \widehat{\boldsymbol{h}}_{l-1}) \\
&= g_l(\boldsymbol{M}_l(\boldsymbol{\varepsilon}_l \odot \boldsymbol{h}_{l-1})) \\
&= g_l(\boldsymbol{M}_l(\mathrm{diag}(\boldsymbol{\varepsilon}_l)\boldsymbol{h}_{l-1})) \\
&= g_l((\boldsymbol{M}_l \mathrm{diag}(\boldsymbol{\varepsilon}_l))\boldsymbol{h}_{l-1}) \\
&= g_l(\boldsymbol{W}_l \boldsymbol{h}_{l-1})
\end{aligned}
\tag{4.48}
$$

式中，$\boldsymbol{M}_l$ 为已知的权重矩阵；$\boldsymbol{h}_{l-1}$ 为输入；$\boldsymbol{\varepsilon}_l$ 为随机噪声，并且 $\boldsymbol{W}_l = \boldsymbol{M}_l \mathrm{diag}(\boldsymbol{\varepsilon}_l)$。

我们已经证明，使输入相乘相当于接下来的权重矩阵的列相乘。考虑到 $\boldsymbol{\varepsilon}_l$ 的每个元素服从伯努利分布，当它的一项取值等于 0 时，$\boldsymbol{W}_l$ 的相应列也置为零(因为 $\boldsymbol{W}_l = \boldsymbol{M}_l \mathrm{diag}(\boldsymbol{\varepsilon}_l)$)。将该列置为零相当于丢弃某个神经元的所有输入，这又等价于丢弃该神经元本身，如图 4.8 所示。

P.88

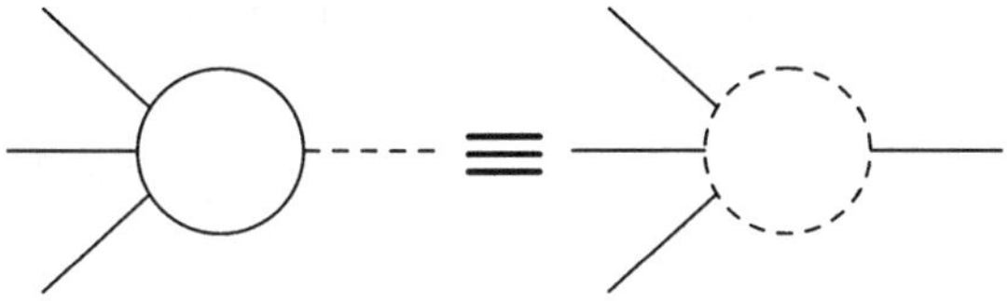

图 4.8　切断神经元的输入连接等价于移除神经元本身的示意图

因此，在一个确定性的神经网络上应用 dropout 可以解释为对其进行转换，其权重从某种分布中采样得到。从这个角度看，dropout 是一种使用贝叶斯神经网络的方式。

考虑到这一点，重写式(4.47)，并且显式地体现出采样过程，可以得到

$$
\mathcal{L} = \frac{1}{N}\sum_{i=1}^{N} \frac{1}{2}[\boldsymbol{y}_i - f^{(i)}(\boldsymbol{x}_i;\Theta)]^2 + \sum_{l=1}^{L} \lambda_l \|\boldsymbol{M}_l\|_2^2 \tag{4.49}
$$

式中，符号 $f^{(i)}(\cdot;\Theta)$ 表示从数据点 $(\boldsymbol{x}_i, \boldsymbol{y}_i)$ 抽取的随机参数的样本。由于 Θ 定义的是分布参数，可以用 Ψ 来代替它，以便与变分参数的符号保持一致，并便于与其他方法进行比较。

将式(4.1)代入上述方程的第一项，得到

$$
\begin{aligned}
\mathcal{L} &= -\frac{1}{N}\sum_{i=1}^{N} \sigma_n^2 \log p(\boldsymbol{y}_i \mid \boldsymbol{x}_i, \boldsymbol{W}^{(i)}) + \sum_{l=1}^{L} \lambda_l \|\boldsymbol{M}_l\|_2^2 - \frac{\sigma_n^2}{2}\log(2\pi\sigma_n^2) \\
&= -\frac{1}{N}\sum_{i=1}^{N} \sigma_n^2 \log p(\boldsymbol{y}_i \mid \boldsymbol{x}_i, \boldsymbol{W}^{(i)}) + \sum_{l=1}^{L} \lambda_l \|\boldsymbol{M}_l\|_2^2 + k
\end{aligned}
\tag{4.50}
$$

式中，σ_n 为观测噪声；$\boldsymbol{W}^{(i)}$ 为其分布中的一个样本；k 是常数。只取决于 σ_n 的项可以看作常数项，因为这个超参数是通过交叉验证而非梯度下降优化得到的。

式(4.50)与式(4.3)定义的变分推断代价函数 $\widehat{\mathcal{L}}_{\mathrm{VI}}$ 的单样本蒙特卡罗估计器非

常相似，经过蒙特卡罗积分近似后，变为

$$
\begin{aligned}
\widehat{\mathcal{L}}_{\mathrm{VI}} &= -\frac{1}{T}\sum_{k=1}^{T}\log p(\boldsymbol{d} \mid \boldsymbol{W}^{(k)}) + D_{\mathrm{KL}}(q(\boldsymbol{W}^{(k)};\boldsymbol{\Psi}) \,\|\, p(\boldsymbol{W}^{(k)})) \\
&= -\log p(\boldsymbol{d} \mid \boldsymbol{W}^{(1)}) + D_{\mathrm{KL}}(q(\boldsymbol{W}^{(1)};\boldsymbol{\Psi}) \,\|\, p(\boldsymbol{W}^{(1)})) \\
&= -\sum_{i=1}^{N}\log p(\boldsymbol{y}_i \mid \boldsymbol{x}_i,\boldsymbol{W}^{(1)}) + D_{\mathrm{KL}}(q(\boldsymbol{W}^{(1)};\boldsymbol{\Psi}) \,\|\, p(\boldsymbol{W}^{(1)}))
\end{aligned} \tag{4.51}
$$

P. 89 对式(4.50)和式(4.51)关于各自的参数求导，可以注意到，只要满足以下条件：

$$
\frac{\partial}{\partial \boldsymbol{\Psi}} D_{\mathrm{KL}}(q(\boldsymbol{W}^{(1)};\boldsymbol{\Psi}) \,\|\, p(\boldsymbol{W}^{(1)})) = \frac{N}{\sigma_n^2}\frac{\partial}{\partial \boldsymbol{\Psi}}\sum_{l=1}^{L}\lambda_l \|\boldsymbol{M}_l\|_2^2 \tag{4.52}
$$

它们的目标函数(在常量比例因子的意义下)是相同的。

此条件是阻碍使用 dropout(或任何其他类似的噪声注入技术)用作近似贝叶斯模型的唯一因素。为了使式(4.52)成立，必须选择超参数 σ_n 和 $\Lambda=\{\lambda_l \mid 1\leqslant l\leqslant L\}$，使它们为底层变分分布 $q(\boldsymbol{W};\boldsymbol{\Psi})$诱导出显式先验分布 $p(\boldsymbol{W})$。在文献[35]的附录中，盖尔(Gal)更深入地阐述了使式(4.52)成立的条件，他们假设神经网络的权重从一个中心高斯分布 $N(0,\gamma_l^{-1})$中采样。

在此重新理解下结论。除了在每个权重层之前有一个 dropout 层之外，没有任何关于神经网络结构的具体假设。这是用图 4.9 中的模型获得近似贝叶斯推断的唯一限制，其他的限制很容易被注意到：对随机丢弃概率 $1-p_l$、观测噪声 σ_n^2(或者等同于噪声精度 τ_n)和正则化强度因子 λ_l 的每一个选择，无论其值对当前问题是否合理，都对应一个先验精度 γ_l(或者根据文献[3]是一个先验长度尺度 l_l)。对于其他网络结构，如卷积神经网络[35]和递归卷积神经网络[14]，为获得类似的结果还需要考虑一些额外因素。如果所采用的模型并非在每一层之间都应用了 dropout，通常情况下，预训练模型中只有分类器的最后一个全连接层使用 dropout，可以将其前半部分看作是确定性的特征提取器，后半部分看作是近似贝叶斯分类器。尽管这种模型不如完整模型强大，但如果想在给定的模型基础上进行推断，其效果仍然可观。

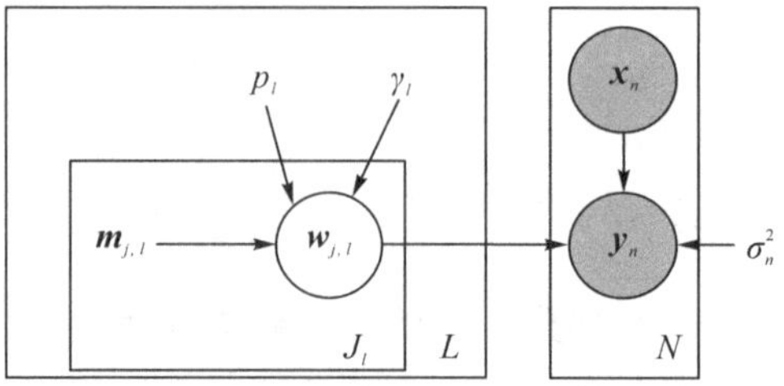

图 4.9 蒙特卡罗丢弃算法的概率图模型表示

可观测输出 $\boldsymbol{y}_n$ 是由输入 $\boldsymbol{x}_n$ 引起的模型输出的带噪观测，噪声方差由固定参数 σ_n^2 决定。第 l 层的 J_l 个权重向量中，第 j 个权重向量 $\boldsymbol{m}_{j,l}$ 由概率为 p_l 的伯努利随机变量进行选择。对应的权重 $\boldsymbol{w}_{j,l}$ 具有中心高斯先验分布，其精度为固定值 γ_l，该精度值由前面两个超参数和正则化强度因子 λ_l 共同决定。

图 4.10 显示了经过不同类型的噪声转化后的权重矩阵。每一种技术都对应 P.90
着不同的基础分布，并导致生成不同的变分分布。对于相同的权重矩阵，也会产生不同的基础变分分布。

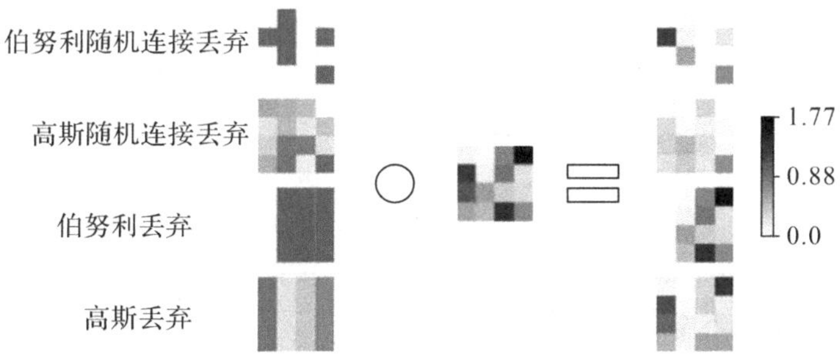

图 4.10　在相同的确定性权重矩阵 $\boldsymbol{M}$ 上使用不同的随机正则化技术对网络权重的影响

另外，伯努利丢弃算法的后验近似值会对不同层和从同一单元出发的连接层进行因式分解，但不会对到达同一单元的连接层进行因式分解。这是由于同一个伯努利随机变量作用于权重矩阵的同一列，它们自然不是独立的。而本章介绍的其他方法大多对后验分布采用平均场近似，完全忽略了权重之间的任何依赖关系。从这个角度来看，蒙特卡罗丢弃算法的限制性较小。

然而，盖尔提出为了得到校准良好的不确定性估计，必须同时优化丢弃概率[35]。由于这是一个变分参数，因此不能通过观测证据下界的目标函数来直接选择。建议通过最大化验证集上的对数似然函数来设置该参数。

算法 4 总结了产生结果的程序，列举了对大小为 1 的小批量训练数据应用伯努利丢弃算法的例子。然而，正如本节开始时指出的那样，其他的随机正则化方法也可以通过类似的推导，重新执行近似的贝叶斯推断，如图 4.10 所示。例如，对于随机连接丢弃算法，唯一的区别是不对权重矩阵的每一列而是对每个权重使用单独的随机变量。需要注意的是，并不是所有的重构都没有问题。例如，文献[37]指出高斯丢弃算法作为一种具有对数均匀先验分布的贝叶斯推断就有一些问题。如果不使用乘法噪声，而是考虑为每个权重参数引入加法高斯噪声，就可以采用 4.3.1 节的算法。

算法 4:蒙特卡罗丢弃算法

不收敛时,执行
  随机采样数据点 $\{\boldsymbol{x}_i, \boldsymbol{y}_i\}$
  当 l 从 1 取到 L 时,执行
    $\boldsymbol{W}_l \leftarrow \boldsymbol{M}_l \mathrm{diag}(\boldsymbol{\varepsilon}_l)$,其中 $\boldsymbol{\varepsilon}_l \sim \mathrm{Bern}(p_l)$
  终止循环
  $\boldsymbol{g} \leftarrow \frac{1}{2} \nabla (\boldsymbol{y}_i - f(\boldsymbol{x}_i; \{\boldsymbol{W}_l\}_{l=0}^{L}))^2 + \sum_{l=1}^{L} \lambda_l \nabla \| \boldsymbol{W}_l \mathrm{diag}(\boldsymbol{\varepsilon}_l) \|_2^2$
  $\boldsymbol{m}_{j,l} \leftarrow \boldsymbol{m}_{j,l} - k\boldsymbol{g}$
结束

4.6 快速自然梯度

P. 91 一般来说,参数空间是黎曼空间而非欧几里得空间,所以学习方法应该考虑到空间结构[38]。自然梯度方法根据编码在费希尔信息矩阵中的信息几何结构来调整梯度(见附录 A. 4 节)。因此,自然梯度方法(在一阶近似范围内)不受问题参数化方式的影响,与标准梯度下降法形成鲜明对比的是,后者的效率和收敛速度对参数化方式很敏感。

目前的框架集中在最大似然估计上,要使它们适用于变分推断需要修改代码,这将增加开发时间、内存要求和计算成本。例如,4. 3 节和 4. 4 节的算法,其参数数量是相同架构下确定性模型的两倍,除此之外还需要额外的实现工作。自适应优化器进一步增加了成本,因为每个参数都有自己的缩放变量来调节学习率。

在高斯平均场变分推断自然梯度工作的基础上,一系列更实用但精度稍低的优化器也相继出现[39]。要掌握所有的细节,过程漫长但值得付出努力。这里我们回顾并推导文献[4]中的核心算法,即变分自适应矩估计(variational adam,Vadam)算法。

在目前已介绍的算法中,变分自适应矩估计算法是较新和实用的方法。其在结构上与自适应矩估计优化器[27]类似,是一种自然梯度方法(见附录 A. 4 节),并具有专门为平均场变分推断设计的动量。从一个参数更新方程的初步设想出发,嵌入了几种近似处理来定义不同的算法,故最终取名为 Vadam[4]。

带动量的梯度优化器将更新步骤定义为最速下降方向和上一步位移的线性组合[25]，如

$$w_{t+1} = w_t - \bar{\alpha}_t \nabla_w f(w_t) + \bar{\gamma}_t (w_t - w_{t-1}) \tag{4.53}$$

式中，$\{\bar{\alpha}_t\}$ 和 $\{\bar{\gamma}_t\}$ 为标量序列，决定了每项的权重，并且需要满足 3.2.1.5 节中讨论的收敛条件。

式(4.53)中的后一项使得算法沿着以前的搜索方向运行，因此该项被命名为动量。从第一次迭代以来的动态行为来看，每一步都可以理解为过去梯度的指数衰减平均值。因此，该方法倾向于在持续下降的方向上积累贡献，而在振荡方向上的贡献有相互抵消的趋势，或至少保持较小幅度。 P. 92

之后出现了取代式(4.53)的方法[4]：

$$\boldsymbol{\eta}_{t+1} = \boldsymbol{\eta}_t - \bar{\alpha}_t \tilde{\nabla}_{\boldsymbol{\eta}} f(\boldsymbol{\eta}_t) + \bar{\gamma}_t (\boldsymbol{\eta}_t - \boldsymbol{\eta}_{t-1}) \tag{4.54}$$

式中，$\tilde{\nabla}$是自然梯度，优化是在指数族成员的自然参数 $\boldsymbol{\eta}$ 上进行的。对于指数族分布，自然梯度具有简单且有效的形式，需要的内存和计算量较少。此外，它可以利用后验近似的信息几何结构来提高收敛速度。

在指数族中使用变分近似，有以下关系式成立[41]：

$$\tilde{\nabla}_{\boldsymbol{\eta}} f(\boldsymbol{\eta}) = \boldsymbol{I}^{-1}(\boldsymbol{\eta}) \nabla_{\boldsymbol{\eta}} f(\boldsymbol{\eta}) = \nabla_{\boldsymbol{m}} f(\boldsymbol{m}) \tag{4.55}$$

这说明，当 $f(\cdot)$依据 $\boldsymbol{m}=E[u(\boldsymbol{w})]$进行参数化时，关于自然参数的自然梯度等价于均值参数 $\boldsymbol{m}$ 的梯度。式(4.55)中的恒等式将使我们无须计算费希尔矩阵及其逆矩阵，这就是其有用之处，许多其他实用的自然梯度算法都依赖于这一恒等式[39,42-43]。

在独立单变量高斯权重(即平均场假设)的特定情况下，将式(4.54)可看作带有 KL 散度约束的最小化问题(见附录 A.4 节)，使用式(4.55)并求解拉格朗日算子，得到

$$\mu_{t+1} = \mu_t - \frac{\beta_t}{1-\alpha_t}\sigma_{t+1}^2 \nabla_\mu \mathcal{L}_t + \frac{\alpha_t}{1-\alpha_t}\sigma_{t+1}^2 \sigma_{t-1}^{-2} (\mu_t - \mu_{t-1}) \tag{4.56}$$

$$\sigma_{t+1}^{-2} = \frac{1}{1-\alpha_t}\sigma_t^{-2} - \frac{\alpha_t}{1-\alpha_t}\sigma_{t-1}^{-2} + \frac{2\beta_t}{1-\alpha_t} \nabla_{\sigma^2} \mathcal{L}_t \tag{4.57}$$

文献[39]对更新公式(4.56)和公式(4.57)进行自然动量方法的扩展。注意，μ 的学习率会被方差缩放。此外，σ^2 可能会取负值，就像 4.3 节中的方法一样，我们需要引入外部约束来规避这个问题。

到目前为止，算法中尚未融入关于代价函数 $\mathcal{L}$ 的任何特定信息。然而，考虑到

代价函数是式(4.3)定义的负证据下界，并且权重服从单变量高斯先验分布 $p(\boldsymbol{w})=N(\boldsymbol{w};0,\sigma_p^2)$ 。回顾式(4.7)至式(4.13)中已经计算出的 KL 项的导数，并再次使用恒等式(4.9)和式(4.10)，可得

P. 93

$$\nabla_\mu \mathcal{L} = NE_q[\nabla_w h(\boldsymbol{w})] + \frac{\mu}{\sigma_p^2} \tag{4.58}$$

$$\nabla_{\sigma^2} \mathcal{L} = \frac{N}{2}E_q[\nabla_w^2 h(\boldsymbol{w})] + \frac{1}{2}\left(\frac{1}{\sigma_p^2} - \frac{1}{\sigma^2}\right) \tag{4.59}$$

式中，N 为数据集大小；$h(\boldsymbol{w}) = -\frac{1}{N}\sum_{i=1}^{N}\log(\boldsymbol{x}_i \mid \boldsymbol{w})$ 为负均值对数似然函数。

在确定了权重的先验分布和后验分布后，我们已经完全定义了 Vadam 底层模型，如图 4.11 所示。它与 4.3 节中的模型具有相同的结构(见图 4.4)，两者不同之处在于 Vadam 模型引入了一系列近似处理，使得计算更加高效。观测输出 $\boldsymbol{y}_n$ 是由输入 $\boldsymbol{x}_n$ 产生的带噪观测模型输出，其方差噪声由固定参数 σ_n^2 决定。权重的高斯先验分布由常数值$\{\mu_p,\sigma_p^2\}$决定，后验分布由$\{\mu_k,\sigma_k^2\}$决定。

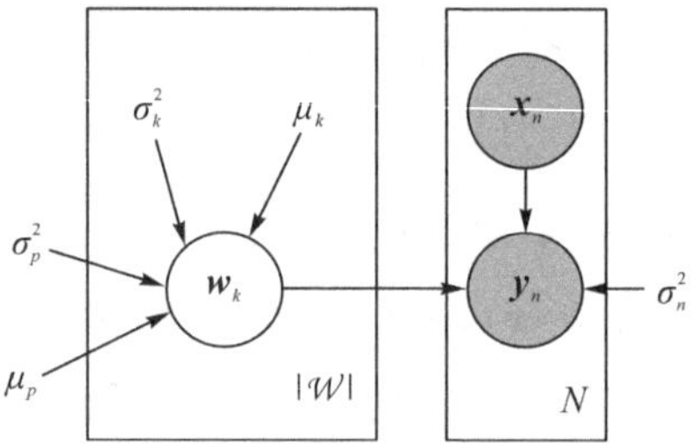

图 4.11　Vadam 模型的概率图模型表示

正如预料的那样，我们用单样本蒙特卡罗估计器求式(4.58)和式(4.59)中的期望，并且用从小批量数据计算出的随机值 $\hat{\nabla}_w$ 和 $\hat{\nabla}_w^2$ 代替从整个数据集计算出来的梯度。由于计算二阶导数的成本较高，并且式(4.59)会让 σ^2 出现负值，因此我们采用广义高斯-牛顿近似法来计算 $\hat{\nabla}_w^2$(见附录 A.3 节)。最后一步需要计算每个小批量元素的一阶导数的二次方，然而当前的算法框架在计算导数后无法对一个批量的每个元素单独操作。因此，我们加入了另一个近似值：

$$\hat{\nabla}_w^2 h(w_t) \approx \frac{1}{M}\sum_{i=1}^{M} \hat{\nabla}_w h(w_t;\boldsymbol{x}_i)^2 \approx \left(\frac{1}{M}\sum_{i=1}^{M} \hat{\nabla}_w h(w_t;\boldsymbol{x}_i)\right)^2 \tag{4.60}$$

式(4.60)中的第一个近似项采用广义高斯-牛顿法，后一个近似项被称为梯度幅值近似，并被一些常用的优化方法所采用[40,44-45]。它使 σ^2 表现为对角化调节，从而确保对 μ 的每个量同等调节，而不是精确逼近曲率信息(忽略更新方程中的动

量项，该动量项通过偏向以往进程中表现良好的方向来抵消这种效应）。

梯度幅值近似比广义高斯-牛顿法的估计偏差更大，其期望值介于广义高斯-牛顿法和全批量（full - batch）梯度二次方之间。随着小批量（mini - batch）数据的增加，偏差也会增加：如果用整个数据集来计算这个近似值，那么所有的二阶信息都会丢失；而如果用单个数据点来计算，则与广义高斯-牛顿法的结果相等。因此，需要在偏差大但收敛快与偏差小但收敛慢之间采取折中策略。 P.94

从实用角度出发，文献[4]定义了缩放先验精度 $\tilde{\lambda}=\sigma_p^{-2}/N$ 和新参数 $s_t=(\sigma_t^{-2}-\sigma_p^{-2})/N$。此外，通过对 μ 的更新公式中的缩放量 s_t 求平方根，使得该方法与 Vadam 方法更为接近。尽管这种修改并不会改变算法的固定点解，但它改变其动态解。Vadam 方法的权重更新方程为

$$\mu_{t+1}=\mu_t-\bar{\alpha}_t\left(\frac{1}{\sqrt{s_t}+\tilde{\lambda}}\right)(\hat{\nabla}_w h(w_t)+\mu_t\tilde{\lambda})+\bar{\gamma}_t\left(\frac{\sqrt{s_t}+\tilde{\lambda}}{\sqrt{s_{t+1}}+\tilde{\lambda}}\right)(\mu_t-\mu_{t+1}) \tag{4.61}$$

$$s_{t+1}=(1-\bar{\alpha}_t)s_t+\bar{\alpha}_t\,\hat{\nabla}_w^2 h(w_t) \tag{4.62}$$

式中，$\hat{\nabla}_w$ 和 $\hat{\nabla}_w^2$ 分别是 ∇_w 和 ∇_w^2 的无偏随机近似值。

解这些更新方程，对 μ 和 s 分别用步长 γ_1 和 γ_2 代替原式中的 $\bar{\alpha}_t$ 和 $(1-\bar{\alpha}_t)$，可以得到算法 5。需要注意，尺度因子 s 与 σ^2 的关系为 $\sigma_t^{-2}=Ns_t+\sigma_p^{-2}$，每个权重样本 w_t 服从分布 $N(\mu_t,\sigma_t^2)$。算法 5 中加下划线的部分与 Adam 算法[40]的对应部分不同，是实现假定密度滤波的关键所在。

算法 5：Vadam 算法

当不收敛时，执行
　　$\boldsymbol{w}\leftarrow\boldsymbol{\mu}+\underline{\boldsymbol{\sigma}\odot\boldsymbol{\varepsilon}}$，其中 $\boldsymbol{\varepsilon}\sim N(\boldsymbol{0},\boldsymbol{I})$，$\boldsymbol{\sigma}\leftarrow 1/\sqrt{N\boldsymbol{s}+\sigma_p^{-2}}$
　　随机采样数据点 $\boldsymbol{x}_i$
　　$\boldsymbol{g}\leftarrow-\nabla\log p(\boldsymbol{x}_i|\boldsymbol{W})$
　　$\boldsymbol{m}\leftarrow\gamma_1\boldsymbol{m}+(1-\gamma_1)(\boldsymbol{g}\ \underline{+\sigma_p^{-2}\boldsymbol{\mu}/N})$
　　$\boldsymbol{s}\leftarrow\gamma_2\boldsymbol{s}+(1-\gamma_2)(\boldsymbol{g}\odot\boldsymbol{g})$
　　$\hat{\boldsymbol{m}}\leftarrow\boldsymbol{m}/(1-\gamma_1^t)$，$\hat{\boldsymbol{s}}\leftarrow\boldsymbol{s}/(1-\gamma_2^t)$
　　$\boldsymbol{\mu}\leftarrow\boldsymbol{\mu}-\alpha\hat{\boldsymbol{m}}/(\sqrt{\hat{\boldsymbol{s}}}\underline{+\sigma_p^{-2}/N})$
　　$t\leftarrow t+1$
结束

P. 95 在 Vadam 算法的开发过程中，我们认为该算法已经在运行了。因此，指数移动平均实际上会对空间的几何信息编码。然而，在初始迭代时，这种估计会偏向起点。为了减弱这种影响，可引入一个随着优化运行过程而呈指数衰减的偏差校正因子。

这种指数移动平均的方法类似于 Adam 算法，但由于它执行了隐式后验推断，因此具有提供不确定性估计的优势。Vadam 算法除了运行速度快，还提供了一种即插即用的方式执行假定密度滤波。与本章之前的方法不同的是，用户只需要将模型确定，然后使用 Vadam 算法进行优化即可。这种算法虽然简单快捷，但是后验估计精度偏低。

4.7 方法对比

本节对本章所研究的 4 种算法进行对比。我们从一维示例开始，通过这个例子可以直观地分析预测曲线，更好地掌握前文讨论的核心思想。随后，在更复杂的回归任务中对它们进行基准测试，测试结果可以为实际应用场景提供借鉴。

4.7.1 一维示例

作为第一个实验，我们在一个回归数据集上评估了由近似算法得到的预测分布，该回归数据集上的目标函数为

$$y = -(x+1)\sin(3\pi x) + \varepsilon, \varepsilon \sim N(0, 0.3^2) \tag{4.63}$$

针对该任务，我们分别均匀采样了 20 个点和 400 个点的数据集，并使用 Adam 优化器(Vadam 算法本身即为优化器，故未采用)训练包含 100 个节点的单隐藏层网络，直至模型收敛。结果如图 4.12 所示。

先回顾一下贝叶斯神经网络的目的：更好地对问题的底层分布建模，并量化未知量。因此，我们希望看到在样本很少或没有时，模型的不确定性增大。从这个意义上说，无论我们对图 4.12 的中心区域的函数有多么了解，本质上对它以外的区域知之甚少，所以我们对这些偏离中心的区域的不确定性估计不应该有太大变化。相反，在给定的区域中样本越多，模型的准确率和确定性就越高。

P. 96

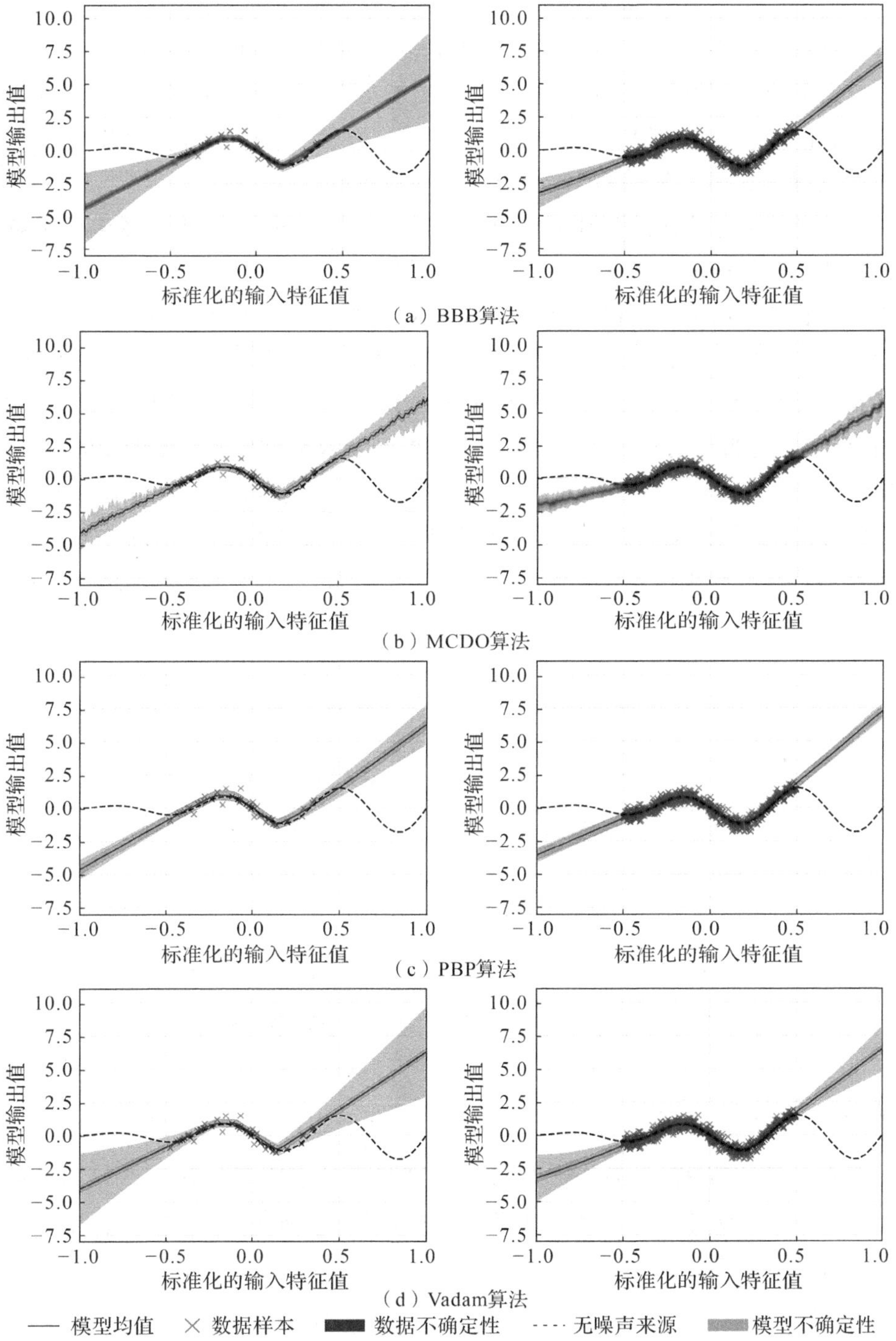

图 4.12　不同算法在一维示例下的预测分布结果对比

我们可以注意到，Vadam 算法的不确定性在 400 个样本的情况下仍然很高，而其他算法的估计值与其 20 个样本的情况相比，缩减幅度要大得多。即使反向传播贝叶斯的预测与 Vadam 的相似，但前者后验方差更小，特别是在 400 个样本的情况下。图 4.12 是在采用 20 个(左)或 400 个(右)样本，分别用(a)BBB 算法、(b)MCDO 算法、(c)PBP 算法和(d)Vadam 算法获得的。

蒙特卡罗丢弃算法的预测结果相比其他算法要粗糙得多，需要更多的蒙特卡罗样本才能获得稳定的结果。尽管如此，均值预测准确地捕捉了目标函数的底层规律。尽管该算法单次迭代的计算成本更低，但要充分对数据建模则需要更多的迭代次数。即使样本数量较少，蒙特卡罗丢弃算法也可以很好地估计均值和方差。

在更大的数据集中，当对数据遍历次数较少(少于 100 次)时，执行期望传播需要占用大量内存空间，因此 PBP 算法实际上是对数据执行多次假定密度滤波遍历，每次遍历都可以看作独立的新样本。这种方法的缺点是，当对数据进行多次遍历时，可能导致后验方差被低估。这正是我们在图 4.13 中观察到的现象，与图 4.12(c)相同样本数量下的表现相比，不确定性区域已经消失了，即图 4.12 上的大片阴影消失了。

P. 97

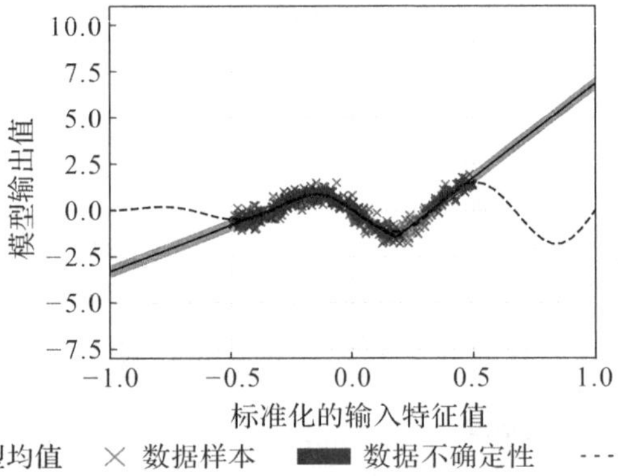

图 4.13　训练 200 个周期后 PBP 算法的预测后验分布

4.7.2　UCI 数据集①

现在，为了更好理解，我们针对 UCI 机器学习知识库[46]中的 8 个不同的回归数据集来评估算法性能。该测试过程普遍被相关文献所采用[2-4,28,47-49]。下面简要描述下各个数据集。

① UCI 全称为 University of California，Irvine(加州大学尔湾分校)。——编者注

4.7.2.1　波士顿房价数据集

1978 年,美国人口普查局收集了马萨诸塞州波士顿市多个郊区的住房数据。P.98
这项研究的任务是通过 13 个变量来预测业主自住房屋的中位数价格(目标变量)。这些变量包括每套住宅的平均房间数、一氧化氮浓度、人均犯罪率等。接下来我们简称其为 Boston。

4.7.2.2　混凝土抗压强度数据集

混凝土强度是混凝土最重要的工程性能之一,在土木工程中占有重要地位。它是混凝土龄期和材料成分的非线性函数,通常通过在压力试验机下测试样品获得。该数据集的目的是在给定龄期和 7 种成分的前提下,如水泥、水、细骨料和粗骨料等其他成分浓度,预测其抗压强度。接下来我们简称其为 Concrete。

4.7.2.3　建筑能源效率数据集

在建筑设计过程中,需要对能源效率进行模拟评估。任务为通过 8 个特征属性(如玻璃面积、表面积、方向等)预测能效,能效由供暖负荷和制冷负荷 2 个不同的指标表示。该数据集由具备不同特征和 12 种不同形状的 768 个模拟建筑组成。接下来我们简称其为 Energy。

4.7.2.4　Kin8nm 数据集

该数据集采集了一个 8 自由度全旋转机械臂的关节角位移数据,众所周知,这是高度非线性的,数据通过对其正向运动学进行仿真合成而生成。目的是预测机械臂末端执行器与给定目标之间的距离。

4.7.2.5　舰船推进系统状态数据集

推进系统主要部件的状态和交互机理无法通过先验物理知识建模。尽管如此,连续监测推进系统的状态来视情维护依然重要。目的是通过航速、燃油流量、涡轮与螺旋桨的扭矩、压缩机进出的温度和压力等输入特征,预测压缩机衰退的状态系数。该数据集是由一艘海军护卫舰的数值模拟器生成的,该护卫舰采用柴油、电力和天然气联合推进系统。模拟器经过了微调,但通过了实际数据的验证。接下来我们简称其为 Naval。

4.7.2.6 联合循环电厂数据集

P. 99 这个数据集的目的是预测发电厂每小时净发电量。电量输出预测是管理发电厂及其入网连接的重要因素。数据采集来自一个真实电厂，该厂满负荷工作超过6年，数据包括每小时的平均温度、环境气压、相对湿度和排气真空度等特征参数。接下来我们简称其为Powerplant。

4.7.2.7 葡萄酒品质数据集

该数据集包括葡萄牙“Vinho Verde”红葡萄酒及其变种的11项物理化学特征。目的是预测葡萄酒的品质，评分在0到10之间。接下来我们简称其为Wine。

4.7.2.8 游艇流体动力学数据集

在初始设计阶段对游艇剩余阻力的估计，对于评估船只的性能和计算所需的推进功率是至关重要的。该数据集包含了22种不同船体的308次全尺度实验的结果。输入特征为船体几何形状的各参数。接下来我们简称其为Yacht。

4.7.3 实验设置

对于4.7.2节中的每个数据集，我们根据算法的训练时间、预测（高斯）对数似然函数(4.1)和均方根误差(root mean squared error, RMSE)比较算法性能，均方根误差的取值定义为

$$\sqrt{\frac{\sum_{i=1}^{N}(y_i-\widehat{y_i})^2}{N}} \tag{4.64}$$

均方根误差专门衡量预测精度，从而评估预测值与目标值的接近程度，而对数似然函数则考虑到预测方差，从而将预测的不确定性纳入评估。直观上，方差越小，预测越可靠，因此出现错误时的惩罚力度越大；但我们仍然希望预测是可靠的，故大方差也会受到严惩。否则，即使模型用处不大，不断预测不确定值也会得到很好的评分。

P. 100 我们不直接测量结构的不确定性，即来自模型的不确定性，它可以通过大量数据加以修正。然而，高度不确定的权重意味着方差较大的权重，当我们每次抽取一组不同的权重值时，对于相同的输入往往会产生截然不同的输出。因此，即使输出的均值是正确的，这些输出也常常偏离真值较远。这导致估计的预测对数似然函数值在理想情况下应该很高，实际却很低。因此，这个度量让我们间接地感知到模

型的不确定性。

采用文献[3]中的参数设置：对于每个数据集，我们先在 20 个随机训练-测试分割集上通过 30 次的贝叶斯优化迭代完成超参数搜索[50]，然后运行模型。值得注意的是，贝叶斯优化（Bayesian optimization，BO）与前面讨论的贝叶斯神经网络训练方法无关，我们只是将其作为一种高效搜索超参数空间的工具来使用。我们也可以使用随机搜索或网格搜索，整个章节中的论证逻辑仍然是一样的。

以下使用贝叶斯优化进行超参数搜索。贝叶斯优化是一种用于优化目标函数的黑盒方法，适用于运行时间长或计算成本高的场景。贝叶斯优化通常设置一个目标函数的替代量，并通过高斯过程回归量化该替代量的不确定性[51]。每次迭代时，通过新的超参数配置观测目标，更新描述隐目标函数的后验分布，并采样一个新点，使给定的函数值最大，即提高预期效果。贝叶斯优化方法会考虑所有的配置来决定下一步优化参数空间的哪个点，从而以尽可能少的迭代次数实现复杂非凸函数的求解。此外，决定下一步在何处求值会对每次迭代运行的计算成本产生影响。

我们对这些方法使用相同的 20 个数据分割集①，避免由于数据集的大小及分割不一致可能对测试结果产生影响。对每个数据分割集，我们会在训练集上运行 30 轮（epochs）贝叶斯优化迭代，每个迭代训练 40 轮，从而设定最优的超参数配置，包括先验精度 λ（或等价地，先验方差 σ_p^2）、观测噪声精度，以及在随机丢弃的情况下设定丢弃概率 p。此外，每次贝叶斯优化迭代中的超参数配置的性能都在 5 折交叉验证中取平均值，因此每次配置时需要训练和评估模型 5 次。在找到每个分割集的最佳配置后，我们将模型拟合到整个训练集上。所有这些过程按照文献[3]的步骤进行。对应的实验设计如图 4.14 所示。 P. 101

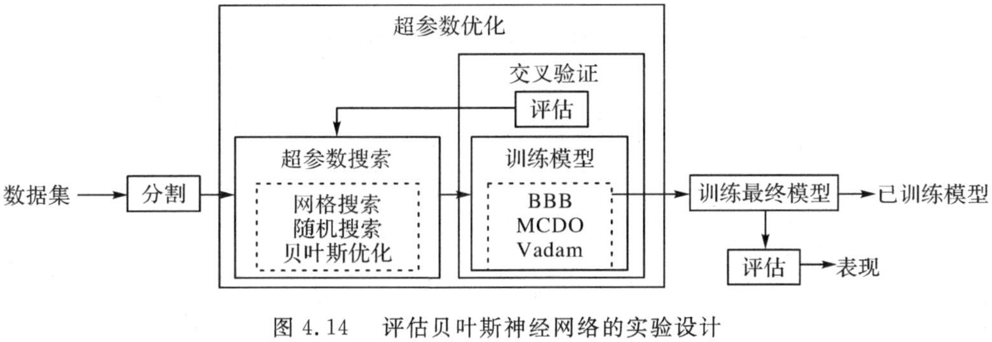

图 4.14　评估贝叶斯神经网络的实验设计

① https://github.com/yaringal/DropoutUncertaintyExps/tree/master/UCI_Datasets.

每个数据集按照文献[3]那样分割，然后执行 30 轮贝叶斯优化迭代，在每一轮的交叉验证设置中，用提出的方法在分割的随机子集上训练模型。最后，我们使用找到的最佳超参数在整个数据划分上训练最终模型。

注意到，当考虑到每个数据集和模型时，整体结构的规模会大幅增加：

$$20 \times \left[30 \times \left(5 \times \frac{4}{5}\right) + 1\right] \times 40 = 96800 \tag{4.65}$$

式中，20 为数据分割集数目；30 为优化迭代轮数；$5 \times \frac{4}{5}$ 为交叉验证迭代次数；1 为完整运行次数；40 和 96800 为迭代次数。此外还需加上每轮贝叶斯优化迭代用于决定到下一个测试点所花费的时间。我们用包含 50 个单元的单隐藏层网络做小规模的研究，以控制在合理的时间内完成实验。

概率反向传播(probabilistic back propagation，PBP)算法和变分自适应矩估计(variational adam，Vadam)算法的源代码可以在网站查询(PBP 算法见 https://github.com/HIPS/Probabilistic-Backpropagation，Vadam 算法见 https://github.com/emtiyaz/vadam)。除了 PBP 算法是在 Theano 1.0 软件运行外，其他算法和代码都在 PyTorch 1.0 软件运行。PBP 算法不使用蒙特卡罗积分，而是使用解析近似方法。

4.7.4 训练配置

训练配置类似于文献[4]。我们在 4 个较小的数据集(Boston、Concrete、Energy
P. 102 和 Yacht)上使用了大小为 32 的小批量数据，在其他 4 个数据集(Wine、Powerplant、Naval、Kin8nm)上使用了大小为 128 的数据。表 4.2 包含了每种算法在训练过程中使用的蒙特卡罗随机样本的数量，为统一衡量，均使用了 100 个随机样本。

表 4.2 各算法训练时的随机样本数量

算法	较小规模数据集	较大规模数据集
BBB×1	10	5
BBB×2	20	10
MCDO×1	1	1
MCDO×10	10	10
Vadam	10	5
PBP	—	—

我们在两种不同的条件下运行 BBB 算法和 MCDO 算法以研究它们的性能。在训练时，BBB×2 采用的随机样本数是 BBB×1 的两倍。对于 MCDO 算法，MCDO×1 配置采用初始的蒙特卡罗丢弃实现过程[3]，即训练时只有一个随机样本，并在超参数选择后使训练周期变长，即将训练 40 轮改为 400 轮，所以 MCDO 算法收敛的时间更长。相比之下，MCDO×10 的训练过程更类似于其他算法的设置：采用 10 个随机样本，训练 40 轮。

首次运行 PBP 算法时，样本数据被单独处理，但小批量数据处理能以略微降低性能为代价来提高效率。PBP 算法无须对权重的后验分布进行 MC 近似，因为它通过各层传播完整的分布，并通过解析方法进行近似计算。

BBB 算法、MCDO 算法和 Vadam 算法使用基于梯度下降的优化器。BBB 算法和 MCDO 算法都使用 Adam 优化器[40]，而 Vadam 本身是一个变分优化器，实验中使用它来代替 Adam。接下来在 3 种方法中均设置学习率 $k=0.01$[4]，移动平均参数 $\gamma_1=0.99$，$\gamma_2=0.9$（不采用常用的 $\gamma_1=0.9$ 和 $\gamma_2=0.999$），以便于模型在遍历 40 轮以内收敛。对于 BBB 算法和 Vadam 算法，后验近似的初始精度设置为 10（注意，这不是先验精度）。

4.7.5 分析

为了根据每个数据集的性能来比较算法，我们使用贝叶斯相关 t 检验[52]。该检验适用于交叉验证结果的分析，并考虑了由于训练数据集重叠而产生的相关性[53]。因此，它适合我们将数据集分为 20 个随机子集的场景，其中 90%用于训练，10%用于测试。

PBP 算法借助超先验分布，在贝叶斯框架下自动设定所有超参数，所以无须进行超参数搜索。因此，式(4.65)中的总训练轮次数从训练 96800 轮减少到 800 轮（20×40），也就是说，每个随机子集训练 40 轮。表 4.3 显示了每种算法完成整个训练周期（包括贝叶斯优化）所需的平均时间，其中该平均时间指的是从寻找最优超参数到找到权值的最终后验近似过程。图 4.15 为类似的信息，但呈现的是关于 PBP 算法训练时间的比值，以便于可视化。 P. 103

表 4.3 每种算法完成整个训练周期的平均时间

数据集	大小	维度	应用各种算法的绝对平均运行时间/s					
			BBB×1	BBB×2	Vadam	PBP	MCDO×1	MCDO×10
Boston	506	13	1813	3279	2214	16	1286	1339
Concrete	1030	8	3510	6101	4333	28	2280	2442
Energy	768	8	2680	4312	3283	20.	1541	912
Kin8nm	8192	8	4563	8433	4985	190	4493	4631
Naval	11934	16	6923	14036	6835	279	6759	6916
Powerplant	9568	4	5349	9993	6117	188	5356	5500
Wine	1599	11	1009	2269	1226	41	1098	1076
Yacht	308	6	1139	1634	1291	10	612	275

P. 104

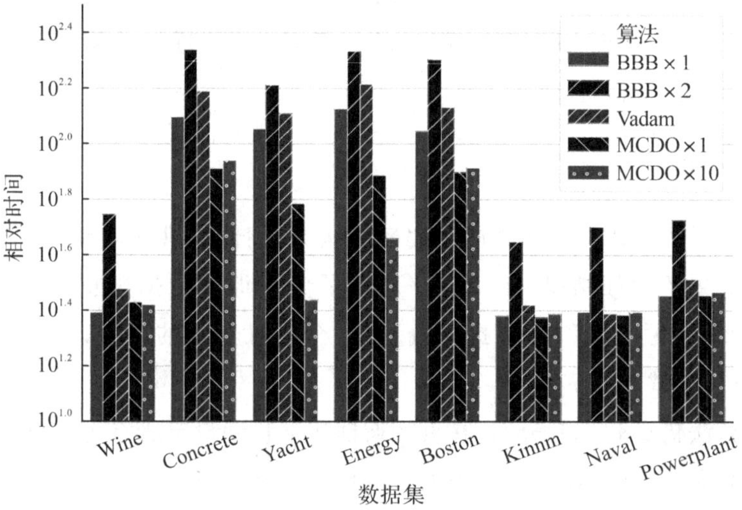

图 4.15 各算法相对于 PBP 算法的训练总时间

PBP 算法的运行速度远超其他方法，是第二名的 34 倍。这种差异是由于 PBP 算法不需要进行超参数调优，这使得该方法无须进行 120 轮(30×4)完整的训练去找到最优的超参数设置。除此之外，还有贝叶斯优化本身还会带来额外的计算成本。不过，PBP 算法并非完全没有成本：PBP 算法虽然不采用计算机，但是需要人们手工运算来完成所有的推导和近似。然而，如果我们不执行超参数调优，PBP 算法的这一优势就会消失，在平均训练速度上它甚至会变成最慢的方法，主要是由于以下几点：

- PBP 算法当前使用大小为 1 的小批量数据，若将其增加到 32 后(与其他的方法大小一致)，PBP 算法将再次成为速度最快的算法[54]，不过之前的优势不再那么明显。
- PBP 算法使用 Theano 框架，该框架官方已不再支持，而其他 3 种算法在Pytorch 中运行[21]。Pytorch 是一个由脸书(Facebook)人工智能研究中心最新开发的且发展迅速的框架，其运算在 GPU 上得到了更好的优化。

BBB×2 当前运行速度最慢，比 BBB×1 平均多花 80%的时间来训练。从图 4.16 和图 4.17 中可以看出，Vadam 算法的平均性能虽弱于 BBB×2，但它的训练速度更快：只比 BBB×1 慢 16%，远低于 80%。Vadam 算法无须为权重方差引入附加的参数；相反，它直接从用于参数空间方向归一化的中间变量来计算权重方差，而 Adam 优化器已经完成了这一步计算。

所有算法在训练时包含超参数优化和最终训练模型，如图 4.15、图 4.16 和图 4.17 所示，MCDO 的两种配置方法的运行时间大致相同且性能接近。MCDO×1 算法比 MCDO×10 算法的训练速度慢 10%，但性能略优。尽管这一差别很小，但保持了一致。总的来说，从均方根误差和对数似然函数误差来看，MCDO×1 最好，MCDO×10 性能紧随其后，PBP 排在第三位。

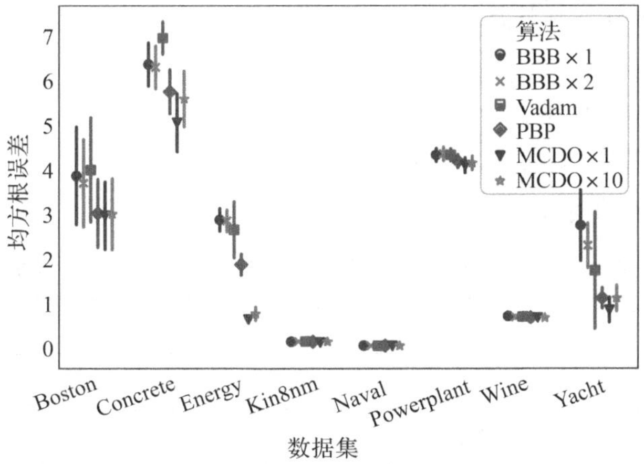

图 4.16　不同算法在 UCI 回归数据集的均方根误差(彩图 1)

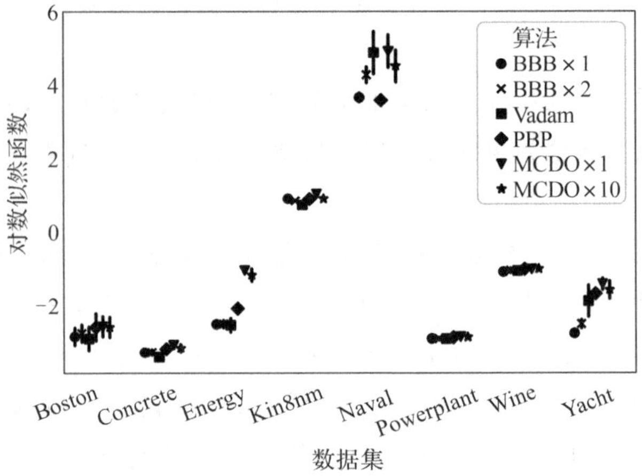

图 4.17 不同算法在 UCI 回归数据集的对数似然函数(彩图 2)

图 4.17 为在 UCI 回归数据集的 20 次随机重采样划分中的平均对数似然函数(数值越高越好)。误差条表示 20 次随机划分中的标准差。尽管 PBP 算法的性能并非最优,但它不需进行超参数搜索,并且训练速度非常快。PBP 算法继承了期望传播算法的优势,天然适合跨机器进行数据并行化运算,而且如果只使用假定密度滤波更新,则适合在线学习。

P. 105 为便于读者以后参考使用,我们在表 4.4 中总结了以上结论。虽然 BBB×2 算法的性能比 Vadam 的好,但它的训练时间更长,也应该把 BBB×1 纳入比较范围。不采用任何数字或公式,可以将贝叶斯神经网络的优劣总结为实用性较强的 3 个基本方面:

- 构建定制化解决方案。
- 模型预测的质量,包括准确率和不确定性。
- 训练模型所需的时间。

表 4.4 变分法用于贝叶斯神经网络实际研究的的总体比较表

算法	训练难度	训练效果	训练时间
BBB	中等	差	慢
PBP	非常高	好	非常快
MCDO	非常容易	好	适中
Vadam	无	适中	适中

在 UCI 回归数据集的 20 次随机重采样划分中，对应的均方根误差如图 4.16 所示，误差条表示在 20 次随机划分中的标准差。

最后，我们给需要为特定任务开发个性化解决方案的人留下总体建议：使用 Vadam 算法，它运行速度快，可以直接使用并且性能表现均衡。它仍然需要进行超参数调优，但在这一点上，几乎所有算法都存在这一需求。如果问题对预测结果的准确性或不确定性估计有更高的要求，可采用 MCDO 算法或其他本书未提及的算法，其中一些算法将在 4.9 节提及。

4.8　进一步解释

尽管本书重点介绍了算法，并没有对数据权重之间的相关关系建模，但这也值得研究，并且其中包括许多有趣的工作，如： P. 106

- 矩阵变量高斯先验分布[28]和后验分布的近似方法[48]。
- 使用带有噪声的自然梯度结构化协方差[49]的方法。
- 使用自然梯度进行低秩协方差近似的方法[55]。

尽管上述方法也依赖变分推断、假定密度滤波或期望传播，但通过关注参数之间的建模结构，它们能得到更优的后验分布近似和不确定性估计。

还有一种完全不同的方法，依赖于使用马尔可夫链蒙特卡罗方法来近似后验预测密度，不过这不是我们讨论的重点。尽管如此，还是列举几种方法便于感兴趣的读者了解从何处入手研究：

- 哈密顿蒙特卡罗方法[56]。
- 随机梯度朗之万动力学[14,57]。
- 后验分布蒸馏法[58]。

4.9　小结

本章我们讨论了贝叶斯神经网络，并且阐述了为何不满足于仅使用传统的点估计而要使用计算量更大的贝叶斯方法。贝叶斯模型不管对于输出还是所有的参数都具有很多优点，比如对过拟合具有鲁棒性、基于原理的模型比较能力和不确定性估计等。 P. 107

此外，本章还回顾并且通过实验比较了 4 种主要的变分算法，即反向传播贝叶斯算法、概率反向传播算法、蒙特卡罗丢弃算法和变分自适应矩估计算法。这些算法都对非结构化的后验概率分布近似展开了研究。尽管仅有蒙特卡罗丢弃算法[13]不依赖平均场近似，但它对权重组间的依赖关系所作的假设却缺乏明确的定义。

参考文献

[1]Blundell C，Cornebise J，Kavukcuoglu K，et al. Weight uncertainty in neural networks[C]//Proceedings of the international conference on machine learning. Lille，2015，37：1613－1622.

[2]Hernández-Lobato J M，Adams R P. Probabilistic backpropagation for scalable learning of Bayesian neural networks[C]//Proceedings of the international conference on machine learning. Lille，2015，37：1861－1869.

[3]Gal Y，Ghahramani Z. Dropout as a bayesian approximation：representing model uncertainty in deep learning[C]//Proceedings of the international conference on machine learning. New York，2016，48：1050－1059.

[4]Khan M，Nielsen D，Tangkaratt V，et al. Fast and scalable Bayesian deep learning by weight-perturbation in Adam[C]//Proceedings of the international conference on machine learning. Stockholm，2018，80：2611－2620.

[5]Tishby N，Levin E，Solla S A. Consistent inference of probabilities in layered networks：predictions and generalization[C]//International joint conference on neural networks. 1989，2：403－409.

[6]Hinton G E，van Camp D. Keeping the neural networks simple by minimizing the description length of the weights[C]//Annual conference on computational learning theory. Santa Cruz，1993：5－13.

[7]Mackay D C. A practical Bayesian framework for backpropagation networks[J]. Neural Comput，1992，4(3)：448－472.

[8]Neal R M. Bayesian learning via stochastic dynamics[C]//Advances in neural information processing systems. San Francisco，1993：475－482.

[9]Neal R M. Bayesian learning for neural networks[D]. Toronto：University of Toronto，1996.

[10]Hinton G E, Osindero S, Teh Y W. A fast learning algorithm for deep belief nets[J]. Neural Comput, 2006, 18(7): 1527 - 1554.

[11]Krizhevsky A, Sutskever I, Hinton G E. ImageNet classification with deep convolutional neural networks[C]//Advances in neural information processing systems. Lake Tahoe, 2012: 1097 - 1105.

[12]Russakovsky O, Deng J, Su H, et al. ImageNet large scale visual recognition challenge[J]. Int J Comput Vis, 2015, 115(3): 211 - 252.

[13]Graves A. Practical variational inference for neural networks[C]//Advances in neural information processing systems. Granada, 2011: 2348 - 2356.

[14]Welling M, Teh Y W. Bayesian learning via stochastic gradient Langevin dynamics[C]//Proceedings of the international conference on machine learning. Bellevue, 2011: 681 - 688.

[15]Papernot N, McDaniel P, Goodfellow I, et al. Practical black-box attacks P. 108
against machine learning[C]//Proceedings of the ACM Asia conference on computer and communications security. Abu Dhabi, 2017: 506 - 519.

[16]Little R J. Calibrated Bayes: a Bayes/frequentist roadmap[J]. Am Stat, 2006, 60(3): 213 - 223.

[17]Niculescu-Mizil A, Caruana R. Predicting good probabilities with supervised learning [C]//Proceedings of the international conference on machine learning. Bonn, 2005: 625 - 632.

[18]Platt J C. Probabilistic outputs for support vector machines and comparisons to regularized likelihood methods[M]//Advances in large margin classifiers. Cambridge, MA: MIT Press, 1999: 61 - 74.

[19]Kuleshov V, Fenner N, Ermon S. Accurate uncertainties for deep learning using calibrated regression[C]//Proceedings of the international conference on machine learning. Stockholm, 2018, 80: 2796 - 2804.

[20]Abadi M, Agarwal A, Barham P, et al. TensorFlow: large-scale machine learning on heterogeneous systems[Z]. Software available from tensorflow. org, 2015.

[21]Paszke A, Gross S, Massa F, et al. PyTorch: an imperative style, high-performance deep learning library [C]//Advances in neural information

processing systems. Vancouver, 2019: 8024 - 8035.

[22]Theano Development Team. Theano: a python framework for fast computation of mathematical expressions[Z]. arXiv e-prints, 2016, 1605.02688.

[23]Bonnet G. Transformations des signaux aléatoires a travers les systèmes non linéaires sans mémoire[J]. Annales des Télé Communications, 1964, 19(9): 203 - 220.

[24]Price R. A useful theorem for nonlinear devices having Gaussian inputs[J]. Trans Inf Theor, 1958, 4(2): 69 - 72.

[25]Bottou L, Curtis F E, Nocedal J. Optimization methods for large-scale machine learning[J]. SIAM Rev, 2018, 60(2): 223 - 311. https://doi.org/10.1137/16M1080173.

[26]Soudry D, Hubara I, Meir R. Expectation backpropagation: parameter-free training of multilayer neural networks with continuous or discrete weights [C]//Advances in neural information processing systems. Montreal, 2014: 963 - 971.

[27]Ghosh S, Fave F D, Yedidia J. Assumed density filtering methods for learning Bayesian neural networks[C]//Proceedings of the AAAI conference on artificial intelligence. Phoenix, 2016: 1589 - 1595.

[28]Sun S, Chen C, Carin L. Learning structured weight uncertainty in Bayesian neural networks[C]//International conference on artificial intelligence and statistics. Fort Lauderdale, 2017, 54: 1283 - 1292.

[29]Nair V, Hinton G E. Rectified linear units improve restricted Boltzmann machines[C]//Proceedings of the international conference on machine learning. Haifa, 2010: 807 - 814.

[30]Minka T P. Expectation propagation for approximate Bayesian inference [C]//Conference in uncertainty in artificial intelligence. San Francisco, 2001: 362 - 369.

[31]Herbrich R. Minimising the Kullback-Leibler divergence[R]. Microsoft Research, 2005.

[32]Srivastava N, Hinton G, Krizhevsky A, et al. Dropout: a simple way to prevent neural networks from overfitting[J]. J Mach Learn Res, 2014, 15

(1): 1929－1958.

[33] Kingma D P, Salimans T, Welling M. Variational dropout and the local reparameterization trick[C]//Advances in neural information processing systems. Montreal, 2015: 2575－2583.

[34] Wan L, Zeiler M, Zhang S, et al. Regularization of neural networks using dropconnect[C]//Proceedings of the international conference on machine learning. Atlanta, 2013, 28: 1058－1066.

[35] Gal Y. Uncertainty in deep learning[D]. Cambridge, UK: University of Cambridge, 2016.

[36] Gal Y, Ghahramani Z. A theoretically grounded application of dropout in recurrent neural networks[C]//Advances in neural information processing systems. Barcelona, 2016: 1019－1027.

[37] Hron J, Matthews A, Ghahramani Z. Variational Bayesian dropout: pitfalls and fixes[C]//Proceedings of the international conference on machine learning. Stockholm, 2018, 80: 2019－2028. P. 109

[38] Amari S I. Natural gradient works efficiently in learning[J]. Neural Comput, 1998, 10(2): 251－276.

[39] Khan M, Lin W. Conjugate-computation variational inference: converting variational inference in non-conjugate models to inferences in conjugate models[C]//International conference on artificial intelligence and statistics. Fort Lauderdale, 2017, 54: 878－887.

[40] Kingma D P, Ba J. Adam: a method for stochastic optimization[C]//Proceedings of the international conference on learning representations. San Diego, 2015.

[41] Amari S I. Natural gradient learning and its dynamics in singular regions[M]. Tokyo: Springer Japan, 2016: 279－314.

[42] Hoffman M D, Blei D M, Wang C, et al. Stochastic variational inference[J]. J Mach Learn Res, 2013, 14: 1303－1347.

[43] Honkela A, Tornio M, Raiko T, et al. Natural conjugate gradient in variational inference[C]//Proceedings of the international conference on neural information processing. Kitakyushu, 2007: 305－314.

[44]Duchi J, Hazan E, Singer Y. Adaptive subgradient methods for online learning and stochastic optimization[J]. J Mach Learn Res, 2011, 12: 2121 - 2159.

[45]Tieleman T, Hinton G. Lecture 6. 5-rmsprop: divide the gradient by a running aof its recent magnitude[Z]. 2012.

[46]Dua D, Graff C. UCI machine learning repository[Z]. http://archive. ics. uci. edu/ml, 2017.

[47]Hernandez-Lobato J, Li Y, Rowland M, et al. Blackbox alpha divergence minimization[C]//Proceedings of the international conference on machine learning. New York, 2016, 48: 1511 - 1520.

[48]Louizos C, Welling M. Structured and efficient variational deep learning with matrix Gaussian posteriors [C]//Proceedings of the international conference on machine learning. New York, 2016, 48: 1708 - 1716.

[49]Zhang G, Sun S, Duvenaud D, et al. Noisy natural gradient as variational inference [C]//Proceedings of the international conference on machine learning. Stockholm, 2018, 80: 5852 - 5861.

P. 110 [50] Snoek J, Larochelle H, Adams R P. Practical Bayesian optimization of machine learning algorithms[C]//Advances in neural information processing systems. Lake Tahoe, 2012: 2951 - 2959.

[51]Rasmussen C E, Williams C K I. Gaussian processes for machine learning [M]. Cambridge, MA: MIT Press, 2005.

[52]Corani G, Benavoli A. A Bayesian approach for comparing cross-validated algorithms on multiple data sets[J]. Mach Learn, 2015, 100(2 - 3): 285 - 304.

[53]Benavoli A, Corani G, Demšar J, et al. Time for a change: a tutorial for comparing multiple classifiers through Bayesian analysis[J]. J Mach Learn Res, 2017, 18(77): 1 - 36.

[54]Benatan M, Daresbury S T, Pyzer-Knapp E O. Practical considerations for probabilistic backpropagation [C]//Workshop on Bayesian deep learning (NeurIPS 2018). Montreal, 2018.

[55]Mishkin A, Kunstner F, Nielsen D, et al. SLANG: fast structured covariance approximations for Bayesian deep learning with natural gradient [C]// Advances in neural information processing systems. Montreal, 2018: 6245 -

6255.

[56]Neal R M. MCMC using Hamiltonian dynamics[M]//Handbook of Markov chain. Boca Raton：CRC Press，2011：113 - 162.

[57]Li C，Chen C，Carlson D，et al. Preconditioned stochastic gradient Langevin dynamics for deep neural networks[C]//Proceedings of the AAAI conference on artificial intelligence. Phoenix，2016：1788 - 1794.

[58]Korattikara A，Rathod V，Murphy K，et al. Bayesian dark knowledge[C]// Advances in neural information processing systems. Montreal，2015：3438 - 3446.

第 5 章 变分自编码器

P. 111 本章将介绍以下内容：

- 生成模型的定义及其优势。
- 生成模型的评估方法。
- 变分自编码器(variational autoencoder，VAE)的详细解析。
- 提升 VAE 各领域性能的改进方案。
- VAE 模型存在的核心问题；
- 相关 VAE 模型的示例与演示。

在学习完第 4 章后，读者会发现本章相对简单一些。本章的学习目标是：

- 描述生成模型的核心特征。
- 理解其适用场景。
- 了解评估生成模型质量的难点。
- 熟知 VAE 的核心思想。
- 领悟其拓展模型的原理与实质变化。

5.1 研究目标

生成模型是一种关于数据的统计模型，可以从可观测数据中捕捉其整体概率分布，即可以依据 $\mathcal{D}=\{X\}_n$ 来估计 $p(\boldsymbol{x})$。当具有完整的生成模型时，我们就可以推测未知的样本数据、生成新的样本数据、推断变量之间的相关性和依赖关系、进行数据预测等。

P. 112 不同于判别模型使用目标变量 $\boldsymbol{Y}$ 作为监督信号来估计 $\boldsymbol{Y}|\boldsymbol{X}$ 的条件分布，生成模型不需要监督信号，因此它自然适用于无监督算法——这类算法可利用大量无

标签数据进行学习。此外，生成模型还可以执行判别任务，如通过建立联合分布 $\boldsymbol{p}(\boldsymbol{y},\boldsymbol{x})$来进行分类。第 4 章的模型就是判别模型的示例，因为它们估计条件概率 $p(\boldsymbol{y}|\boldsymbol{x})$的过程为：首先给定一些输入，然后输出目标变量的概率分布。然而有些信息难以推断，例如最可能的输入-输出组合或给定观测输出对应的预期输入值等信息，获得这些信息需要使用联合分布 $p(\boldsymbol{y},\boldsymbol{x})$。

利用完整的生成模型可以模拟事物的演变过程[1-2]、预测未来并进行相应规划[3-4]、推理并执行决策[4-5]，以及理解元素及其变化因素[5-6]，这些都属于高层次的抽象任务。在多媒体领域出现了很多令人兴奋的应用，如图像的超分辨率处理[7]、数据压缩[8]、降噪[9]和音频合成等[10]。在多媒体领域之外，也有一些值得关注的应用成果：在化学领域，用于高效地探索新化合物[11]；在生物学领域，用于预测蛋白质和核糖核酸突变的影响[12]；在天文学领域，用于光学望远镜的图像处理[13]。

朴素贝叶斯是生成模型的经典代表，它通过构造联合概率进行分类。本章的重点是讨论那些使用近似推断的现代方法，主要是 VAE 及其拓展模型，以及它们的优缺点。

5.2　生成模型评估

因为生成模型的性能并没有统一的度量标准，所以直接评估其优劣并不可行。由于通过优化相同的准则训练出来的模型在不同的性质上具有很好的相关性，因而可以直观地进行比较，换句话说，训练准则可以作为模型选择的客观度量。但是，当目标函数不同时，模型之间就无法进行比较。空间的维度越高，度量的相关性就越低[14]。

我们通常希望一个模型能够具有多个不同的优良属性：高质量的样本、多样化的样本、紧凑的表示、有用的表示、可解释的表示等。当然，这一切并不可能同时拥有，必须进行折中。

一个模型可能同时具有高的对数似然和平均水平的匹配能力，从而导致概率质量被分配到低密度的区域。尽管这种近似在总体上表现良好，但它最终会导致那些异常区域获得过多关注。因此，尽管该近似模型具有良好的对数似然，生成样本的分布却有可能与真实样本存在明显区别。虽然看起来这一属性似乎无用，但实际上是否有用还取决于具体的应用场景。例如，对于药物研发来说，这个属性可 P. 113
能会非常有用，因为它意味着我们正在探索未知的区域，并有可能找到新的有用的化合物；对于图像处理来说，这却可能是一场灾难，因为生成的图像可能模糊不清、怪异难懂,或者根本不代表任何东西。试想一下,有多少抽象、古怪的画作最终能够得到高度评价呢?

具有矩匹配行为的生成模型会产生真实的样本,但对于多模态分布来说,其对数似然较差。与此同时,这种近似模型只拟合单模态,假设了单峰分布,因而会丢失大量的有用信息,其生成样本的多样性也会大大降低。图像是在空间上具有高维多模态分布的一个典型例子:在整个图像中,除了临近像素和像素组(超像素)之间存在着依赖关系,还隐含着物理世界的多层次结构。单模态分布很难表示图像元素中不同的变化因素。

除了传达不同的信息外,对数似然和样本质量并没有告诉我们样本的多样性信息,尽管它们之间是相互关联的。如果两类样本看似来自同一个真实分布,而且具有极大的多样性,那么它们的分布在整体上可能会匹配得很好,这意味着生成模型具有良好的平均对数似然。需要注意的是,样本的多样性可以通过分布的熵的大小来进行衡量。

实际上,平均对数似然已经成为衡量生成模型质量的事实标准。然而在当前,直接计算它可能并不容易,具体取决于模型的种类。对于那些应用对数似然无法直接计算的模型,通常采用 Parzen(帕森)窗进行估计。Parzen 窗是一种非参数化的方法,它首先从原始模型中提取样本,然后构建一个平均对数似然易于计算的近似模型。然而,实践表明,Parzen 窗的评估结果与似然值和样本质量均没有很好的相关性,因此该方法不建议使用。

视觉样本检查是评估样本质量的原始度量,也是图像合成时的首选度量,它允许我们直接观察模型内部的情况。不过,这种方法仅对视觉样本有效。这时,样本就成为了一种有用的诊断工具,但不适用于作为其他任务的替代指标。

感知质量度量不具备泛化能力。一个只能输出训练样本而无法生成新样本的模型可能会得到高分,但却毫无用处。一些琐碎的算法,如用于检测生成样本与训练样本是否相似的最近邻法,并不能有效评估模型性能,因为感知上相似的图像可能存在显著的距离差异。例如,在一幅纹理丰富的图像中,一个像素的偏移就会导致前述情况发生。此外,过拟合模型不一定能够重现来自数据集的图像。

评估模型性能的另一种方法是直接在替代的任务上进行衡量,尤其是当任务
P. 114 目标是学习好的特征表示时,该方法特别有用。在下游应用中还可以间接评估模型的性能,例如,可以使用一个小容量的线性分类器来检验模型学习后的表征是否形成了定义明确的聚类,如果答案是肯定的,则代表模型的分类准确度较高。

针对上述问题,近年来学术界一直致力于构建原则性的评估方法,以便客观地

比较不同的生成模型。在图像处理领域，Inception Score（初始得分）[15] 和 Frechet Inception Distance（弗雷歇初始距离）[16] 是两个常用的度量，它们可以使用预训练的分类模型来比较生成的样本和预留的测试样本。前者用于度量特征表示空间的清晰度和多样性，后者用于度量其相似性。从经验上来讲，两者都与感知到的样本质量密切相关。然而，只有在相同的数据集上对用于评估的分类器[17] 和被评估的生成模型进行预训练时，Inception Score 才会有效。

综上所述，在高维空间中，样本质量、分类准确度和对数似然在很大程度上是相互独立且没有通用度量的。因此，正确评估模型的性能取决于实际的应用场景：不同的应用需要不同的度量标准，例如，在内容生成中关注样本质量，在表征学习时依赖下游任务，而在度量压缩度和密度估计时则关注对数似然。

5.3　变分自编码器

本节从一个建模问题开始，稳步地构建 KL 散度。假设有一组观测数据 $\mathcal{D}=\{\boldsymbol{x}\}_{n=1}^{N}$ 和潜变量模型，具体见 2.1.3 节。此时有 $p(\boldsymbol{x})=\int p(\boldsymbol{x},\boldsymbol{z})\mathrm{d}\boldsymbol{z}$，式中 $\boldsymbol{z}$ 是未知的潜变量，假设观测数据 $\boldsymbol{x}$ 由未知的潜变量 $\boldsymbol{z}$ 决定，$p(\boldsymbol{x},\boldsymbol{z})$ 代表图 5.1(a) 所示的生成模型。

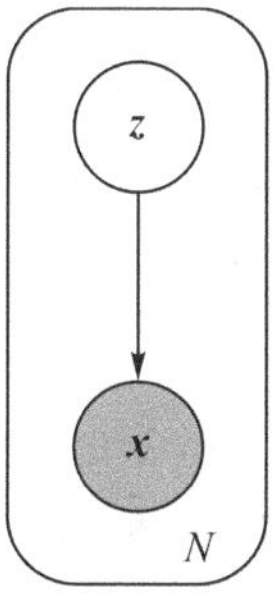

（a）潜变量模型

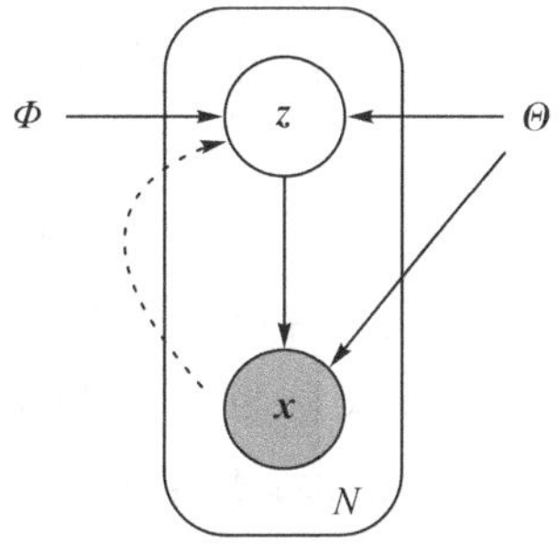

（b）参数化模型

图 5.1　生成模型 $p(\boldsymbol{x},\boldsymbol{z})$ 的图形表示

图 5.1(a) 是初始模型：潜变量 $\boldsymbol{z}_i$ 是样本 $\boldsymbol{x}_i$ 背后的隐藏成因。图 5.1(b) 是参数化模型，其中假设负责生成数据的参数为 Θ，后验近似由参数 Φ 确定。虚线代表用样本 $\boldsymbol{x}$ 确定后验近似 $q(\boldsymbol{z}|\boldsymbol{x};\Phi)$ 的推断过程。

原则上讲，KL 散度适用于任何类型的数据，本节将其应用于图像数据。因此，这里的 $\boldsymbol{x}$ 代表一个图像样本。图像样本非常直观，易于理解，很多现代编程框架都支持对其进行处理，例如，Pytorch[18]。

P. 115 根据条件概率的链式法则重写联合分布的积分，可得 $p(\boldsymbol{x},\boldsymbol{z})=p(\boldsymbol{x}|\boldsymbol{z})p(\boldsymbol{z})$，式中 $p(\boldsymbol{z})$是潜在空间上的先验分布，$p(\boldsymbol{x}|\boldsymbol{z})$是其似然函数。除去特别简单的模型之外，$\int p(\boldsymbol{x}|\boldsymbol{z})p(\boldsymbol{z})\mathrm{d}\boldsymbol{z}$ 通常无法解析地计算。因此，我们利用蒙特卡罗抽样方法抽取 T 个样本来对其进行估算，此时有

$$p(\boldsymbol{x}) = \int p(\boldsymbol{x},\boldsymbol{z})\mathrm{d}\boldsymbol{z} = \int p(\boldsymbol{x}|\boldsymbol{z})p(\boldsymbol{z})\mathrm{d}\boldsymbol{z} \approx \frac{1}{T}\sum_{i=1}^{T} p(\boldsymbol{x}|\boldsymbol{z}^{(i)}) \tag{5.1}$$

式中，$\boldsymbol{z}\sim p(\boldsymbol{z})$。然而，在高维潜在空间中寻找使 $p(\boldsymbol{x}|\boldsymbol{z})$较大的样本 $\boldsymbol{z}$ 极具挑战性，我们可能需要数百万次抽样才能获得 $p(\boldsymbol{x})$的合理估计。在保持 $p(\boldsymbol{x}|\boldsymbol{z})$较大的前提下，如何选择 $p(\boldsymbol{z})$才能使得到 $\boldsymbol{z}$ 值的可信度较高呢？

再次将问题重写为

$$\begin{aligned} p(\boldsymbol{x}) &= \int p(\boldsymbol{x}|\boldsymbol{z})p(\boldsymbol{z})\mathrm{d}\boldsymbol{z} \\ &= \int p(\boldsymbol{x}|\boldsymbol{z})p(\boldsymbol{z})\,\frac{q(\boldsymbol{z}|\boldsymbol{x})}{q(\boldsymbol{z}|\boldsymbol{x})}\mathrm{d}\boldsymbol{z} \\ &= E_q\left[\frac{p(\boldsymbol{x}|\boldsymbol{z})p(\boldsymbol{z})}{q(\boldsymbol{z}|\boldsymbol{x})}\right] \\ &\approx \frac{1}{T}\sum_{i=1}^{T}\frac{p(\boldsymbol{x}|\boldsymbol{z}^{(i)})p(\boldsymbol{z}^{(i)})}{q(\boldsymbol{z}^{(i)}|\boldsymbol{x})} \end{aligned} \tag{5.2}$$

式中，$\boldsymbol{z}\sim q(\boldsymbol{z}|\boldsymbol{x})$，而积分由 T 个样本的无偏蒙特卡罗估计来近似。

在这个新的视角下，可以根据建议分布 $q(\boldsymbol{z}|\boldsymbol{x})$来进行采样，并获得与之前相同的结果，此时需要通过 $p(\boldsymbol{z})/q(\boldsymbol{z}|\boldsymbol{x})$对 $p(\boldsymbol{x}|\boldsymbol{z})$的值进行适当加权。现在问题变成了为 $p(\boldsymbol{z})$和 $q(\boldsymbol{z}|\boldsymbol{x})$找到合适的样本。

式(5.2)中的方法又称为重要性抽样(importance sampling, IS)[19]，该技术通常用于减小估计器的方差，或者在原始密度难以模拟时使用，当前的情况属于后者。最优的建议分布 $q^*(\boldsymbol{z}|\boldsymbol{x})$为

$$q^*(\boldsymbol{z}|\boldsymbol{x}) = \frac{p(\boldsymbol{x}|\boldsymbol{z})p(\boldsymbol{z})}{p(\boldsymbol{x})} = p(\boldsymbol{z}|\boldsymbol{x}) \tag{5.3}$$

P. 116 从中可以得到真实分布的单样本估计器，即

$$\widehat{p}_{T=1}(\boldsymbol{x}) = \frac{p(\boldsymbol{x}|\boldsymbol{z}^{(1)})p(\boldsymbol{z}^{(1)})}{q(\boldsymbol{z}^{(1)}|\boldsymbol{x})} = \frac{p(\boldsymbol{x}|\boldsymbol{z}^{(1)})p(\boldsymbol{z}^{(1)})}{\dfrac{p(\boldsymbol{x}|\boldsymbol{z}^{(1)})p(\boldsymbol{z}^{(1)})}{p(\boldsymbol{x})}} = p(\boldsymbol{x}) \tag{5.4}$$

然而，由于 $p(\boldsymbol{x}) = \int p(\boldsymbol{x}|\boldsymbol{z})p(\boldsymbol{z})\mathrm{d}\boldsymbol{z}$ 无法直接计算，因此只能寻找其他的解决

方案。我们将分布参数化为 $p(\boldsymbol{x}|\boldsymbol{z};\Theta)$ 和 $q(\boldsymbol{z}|\boldsymbol{x};\Phi)$，然后联合优化 Θ 和 Φ，相应的概率图模型（见 3.1.1 节）如图 5.1(b)所示。后验分布 $q(\boldsymbol{z}|\boldsymbol{x};\Phi)$ 允许我们推断与观测数据相关的潜在分布，似然函数 $p(\boldsymbol{x}|\boldsymbol{z};\Theta)$ 可以在与先验结合后生成新样本，这实际上是从联合分布中进行抽样。

尽管我们可以用神经网络来搭建似然模型，并通过最大似然估计而不是变分贝叶斯推断来拟合其参数 Θ，但是对于变分参数 Φ，必须为每个样本 $\boldsymbol{x}_i \in \mathcal{D}$ 单独计算局部变分参数[20]。除不能很好地扩展之外，这还意味着在估计潜变量的后验分布之前，必须计算每个测试数据的新变分参数。

取而代之，我们引入一个单独的辨识模型，用以输出后验分布 $q(\boldsymbol{z}|\boldsymbol{x};\Phi)$ 的局部变分参数 Φ。这样，每一个新数据 $\boldsymbol{x}'$ 都可以通过函数 $f(\boldsymbol{x}';\Psi)$ 映射到 Φ。现在问题变成了求解定义映射 $f(\cdot;\Psi)$ 的全局变分参数 Ψ，仍然使用神经网络来搭建辨识模型。跨数据点共享变分参数的方法称为摊销推断(amortized inference)，这在大型数据集的参数设置中十分常见，因为它有效地平摊了推理成本，使得训练和测试的速度变得更快。

注意，Φ 的最优值应当使得 $q(\boldsymbol{z}|\boldsymbol{x};\Phi)=p(\boldsymbol{x}|\boldsymbol{z};\Theta)$，或者是使二者尽可能地接近。现在我们已经建立了一个熟悉的框架，在这个框架中，我们希望最大化证据 $p(\boldsymbol{x};\Theta)$，为此执行以下运算：

$$\max_{\Theta} p(\boldsymbol{x};\Theta) = \max_{\Theta} \log p(\boldsymbol{x};\Theta) = \max_{\Theta,\Phi} \log E_q\left[\frac{p(\boldsymbol{x}|\boldsymbol{z};\Theta)p(\boldsymbol{z})}{q(\boldsymbol{z}|\boldsymbol{x};\Phi)}\right] \tag{5.5}$$

同 3.2.1.1 节一样应用詹森不等式，再次得到了证据下界的目标函数（见式(3.7)和式(3.8)），结果如下：

$$\log E_q\left[\frac{p(\boldsymbol{x}|\boldsymbol{z};\Theta)p(\boldsymbol{z})}{q(\boldsymbol{z}|\boldsymbol{x};\Phi)}\right] \geqslant E_q\left[\log\frac{p(\boldsymbol{x}|\boldsymbol{z};\Theta)p(\boldsymbol{z})}{q(\boldsymbol{z}|\boldsymbol{x};\Phi)}\right] = B_{\mathrm{ELBO}}(\Theta,\Phi) \tag{5.6}$$

尽管最终的效用函数与第 4 章类似，但仍然存在一些细微的重要差别。 P. 117

我们对潜变量 $\boldsymbol{z}$ 进行变分推断，对似然模型的变量 Θ 进行点估计。而在第 4 章中，我们对所有变量都进行了变分推断，这些变量都是全局的，因为它们对所有数据点都相同，并且不存在局部潜变量。有关全变分贝叶斯的简要论述可参见文献[21]。

注意目标密度 $p(\boldsymbol{x}|\boldsymbol{z};\Theta)$ 在训练过程中会不断变化，而不是像第 4 章那样固定不变。因此，$q(\boldsymbol{z}|\boldsymbol{x};f(\boldsymbol{x}';\Psi))$ 必须跟踪这种变化，从而确保近似与真实分布足够接近。

图 5.2 为 KL 模型示意图。在图中，通过编码器，图像 $\boldsymbol{x}_i$ 被映射到潜变量 $\boldsymbol{z}$ 的一个分布上，我们使用单样本蒙特卡罗估计器从中抽取一个样本 $\hat{\boldsymbol{z}}$。接下来，我们

将样本 $\hat{z}$ 输入似然模型神经网络得到分布 $p(\boldsymbol{x}|\boldsymbol{z}=\hat{z};\boldsymbol{\Theta})$，在这个分布中，其最可能的值应该是生成潜样本 $\hat{z}$ 的 $\boldsymbol{x}_i$。

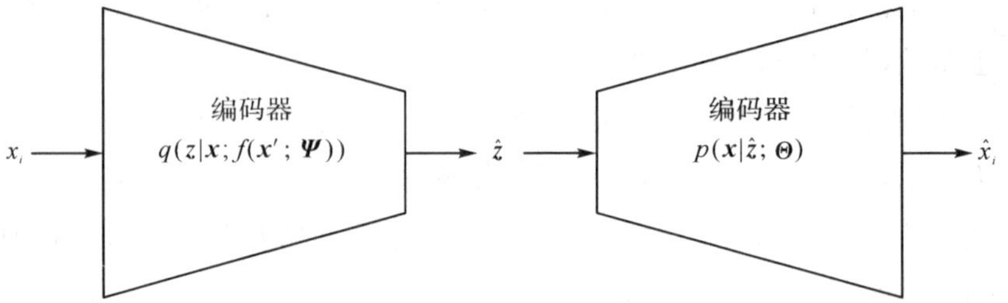

图 5.2　KL 模型示意图

如图 5.2 所示，从目前开发的完整模型来看，潜在空间 $\mathcal{Z}$ 的分布介于辨识模型和似然模型之间，如果 $\dim(\mathcal{Z})<\dim(\mathcal{X})$，就会遇到信息瓶颈[22]。通常来讲，出现这种情况是因为我们假定数据存在于比定义的空间维度更低的流形中。因此，可以将这类模型解释为将 $\boldsymbol{x}$ 编码到低维空间 $\mathcal{Z}$ 的编码器，在此过程中丢弃无用信息并保留有用信息，这对于解码器重构原始输入非常有利。所以，$q(\boldsymbol{z}|\boldsymbol{x};\boldsymbol{\Psi})$ 可以被视为一个概率编码器，而 $p(\boldsymbol{x}|\boldsymbol{z};\boldsymbol{\Theta})$ 可以被视为一个概率解码器。事实上，如果把包含 N 个样本的数据集 $\mathcal{D}$ 的证据下界写成最常见的形式，可得

$$B_{\mathrm{ELBO}}(\boldsymbol{\Theta},\boldsymbol{\Psi}) = \sum_{n=1}^{N} E_q[\log p(\boldsymbol{x}_n|\boldsymbol{z}_n;\boldsymbol{\Theta})] - D_{\mathrm{KL}}(q(\boldsymbol{z}_n|\boldsymbol{x}_n;\boldsymbol{\Psi}) \parallel p(\boldsymbol{z})) \tag{5.7}$$

式中，第一项可以使重构样本的似然最大化；第二项，作为一个正则化因子，可以强制调整潜在空间的结构，使得 $\boldsymbol{x}_i$ 的条件分布和先验分布尽可能相似。同时，与先验分布的偏差应该具有足够的意义，以使解码器能够实现更优的重构，并弥补由 KL 散度造成的影响。去掉 KL 散度项，式(5.7)将退化为最大似然估计的最大化
P. 118 问题，而潜变量分布将退化为点估计。这将导致模型沦为一个传统的自编码器，它以确定性的方式将数据点 $\boldsymbol{x}_i$ 映射到 $\boldsymbol{z}_i$，并以确定性方式重建它。潜在空间中邻近的点不一定能代表类似的数据点，因此，潜在空间不会有明显的结构。潜在空间中带有 KL 正则项的自编码器被命名为变分自编码器(variational autoencoder，VAE)。

从信息瓶颈的角度来看[23]，可以将重构误差视为失真度的衡量标准，而将后验偏差视为前验分布和后验分布之间的信息传输率[22,24]。的确，在信息论中，可以将 $D_{\mathrm{KL}}(q\parallel p)$ 解释成：当采用为分布 p 优化设计的编码器发送 q 中的消息时，所需的额外比特数。当 $D_{\mathrm{KL}}=0$，可得 $q(\boldsymbol{z}|\boldsymbol{D};\boldsymbol{\Psi})=p(\boldsymbol{z})$，$\boldsymbol{D}$ 表示向量数据集，此时没有关于输入 $\boldsymbol{x}$ 的信息从模型中流过，这意味着潜信道的容量为零。分布之间的重叠越大，输入 $\boldsymbol{x}_i$ 的后验信息就越少，重构误差(即失真度)就越高。这一特性使得相

似的数据点具有类似的后验分布，导致潜在空间具有平滑性和局部性。

当使用梯度下降法优化模型参数时，由于编码器和解码器之间的潜变量分布难以计算，因此无法用数值方法来计算期望关于分布的梯度，附录 A.1 节对此进行了深入讨论。然而，对于连续型潜变量分布和可微的似然模型，我们可以采用路径梯度估计器（见附录 A.1 节），这通常也被称为再参数化技巧，将其应用于 T 个蒙特卡罗样本后会有

$$\widehat{B}_{\mathrm{ELBO}_1}(\boldsymbol{\Theta},\boldsymbol{\Psi})=\sum_{n=1}^{N}\frac{1}{T}\sum_{i=1}^{T}\left[\log p(\boldsymbol{x}_n,\boldsymbol{z}_n^{(i)};\boldsymbol{\Theta})-\log q(\boldsymbol{z}_n^{(i)}\mid\boldsymbol{x}_n;\boldsymbol{\Psi})\right] \quad (5.8)$$

式中，$\boldsymbol{z}_n^{(i)}=g(\varepsilon^{(i)},\boldsymbol{x}_n;\boldsymbol{\Psi})$ 是一个确定性变换；$\varepsilon^{(i)}$ 是基分布 $p(\varepsilon)$ 的第 i 个样本。上述估计器等价于文献[25]提出的用于贝叶斯神经网络的形式（见式(4.8)）。

通过选择 $p(\boldsymbol{z})$ 和 $q(\boldsymbol{z}\mid\boldsymbol{x};\boldsymbol{\Psi})$ 的分布族，使得式(5.7)中的 KL 散度项具有封闭的解析表达式，将式(5.8)中的估计器重写为

$$\widehat{B}_{\mathrm{ELBO}_2}(\boldsymbol{\Theta},\boldsymbol{\Psi})=\sum_{n=1}^{N}\left[\frac{1}{T}\left[\sum_{i=1}^{T}\log p(\boldsymbol{x}_n\mid\boldsymbol{z}_n^{(i)};\boldsymbol{\Theta})\right]-D_{\mathrm{KL}}(q(\boldsymbol{z}_n\mid\boldsymbol{x}_n;\boldsymbol{\Psi})\parallel p(\boldsymbol{z}))\right] \quad (5.9)$$

这是第 4 章常见的表达形式。图 5.3 给出了在 KL 散度的解析计算图中，对随机节点 $\boldsymbol{z}$ 进行再参数化的过程。深色圆形节点为随机节点，灰色菱形节点为确定节点。黑色箭头表示模型的正向传播路径，由 f 到 $\boldsymbol{z}_n$ 再到 $\boldsymbol{\Psi}$ 的箭头表示反向传播路径。黑色虚线表示 KL 散度的计算路径，其输入为分布参数 $\boldsymbol{\Psi}$。注意，由于这里使用了再参数化技巧，因此节点 $\boldsymbol{z}_n$ 不再是随机的，我们可以直接计算它的梯度。

P. 119

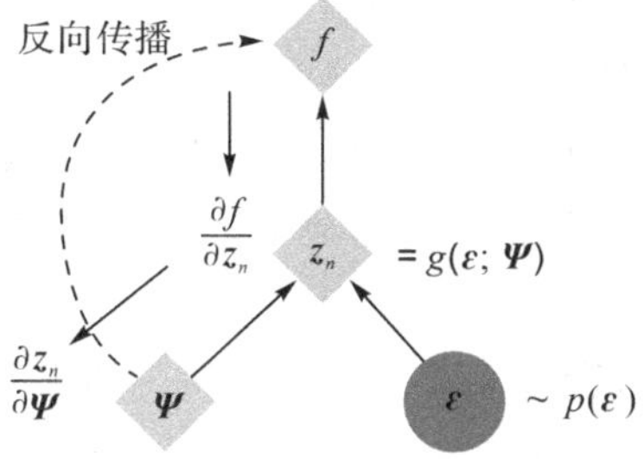

图 5.3 再参数化后的计算图

文献[21]的主要贡献是于 2013 年首次将再参数化技巧应用到深度学习（deep learning，DL），并获得了低方差的梯度估计器，当前广泛使用的 KL 模型只不过是该梯度估计器的一个应用实例。使用式(5.8)优化图 5.1(a)得到的通用模型被称为自编码变分贝叶斯（autoencoding variational Bayes，AEVB）。这里我们考虑最

常见的 VAE 示例，即 $q(\boldsymbol{z}|\boldsymbol{x};\boldsymbol{\Psi})$ 和 $p(\boldsymbol{x}|\boldsymbol{z};\boldsymbol{\Theta})$ 均由前馈神经网络来实现。当然，我们也可以采用其他网络来搭建相同模型，例如自回归神经网络。

5.6 节将处理二值图像。为此，我们将图像的每个像素视为独立的伯努利分布的观测值，并将生成神经网络的每个输出像素视为原始样本中伯努利参数 p 的估计。

接下来，假设输入为实值图像，使用 $N(\mu_i,\sigma_i^2)$ 作为似然函数 $p(\boldsymbol{x}_i|\boldsymbol{z};\boldsymbol{\Theta})$ 的近似，并选择中心化且对角协方差为单位矩阵的标准正态分布 $N(\boldsymbol{0},\boldsymbol{I})$ 作为先验分布 $p(\boldsymbol{z})$ 的近似。因此，式(5.7)中的 KL 散度项可简化为

$$D_{\mathrm{KL}}(q(\boldsymbol{z}_n|\boldsymbol{x}_n;\boldsymbol{\Psi}) \parallel p(\boldsymbol{z})) = \sum_{i=1}^{|\boldsymbol{z}|} \log\frac{1}{\sigma_i} + \frac{1}{2}(\mu_i^2+\sigma_i^2-1) \tag{5.10}$$

此外，用一个对角协方差矩阵的高斯分布来近似后验分布 $q(\boldsymbol{z}_i|\boldsymbol{x}_i;\boldsymbol{\Psi})$。选择这些分布并不完全是因为算法的限制，而是由于它们比较简单。这样，确定性变换 $g(\boldsymbol{\varepsilon};\boldsymbol{x},\boldsymbol{\Psi})$ 就变成了

$$g(\boldsymbol{\varepsilon};\boldsymbol{x},\boldsymbol{\Psi}) = \mu(f(\boldsymbol{x};\boldsymbol{\Psi})) + \sigma(f(\boldsymbol{x};\boldsymbol{\Psi}))\odot\boldsymbol{\varepsilon} \tag{5.11}$$

P. 120 式中，$\boldsymbol{\varepsilon}\sim N(\boldsymbol{0},\boldsymbol{I})$；$f(\cdot;\boldsymbol{\Psi})$ 是辨识模型；$\odot$ 为元素之间的乘法运算符。

虽然我们一直都在使用同一个变换，但这并不代表它是唯一可用的。事实上，对于给定分布族的标准分布而言，位置-尺度变换是简单且实用的。除此之外，我们还有其他选择，例如指定 g 为期望分布的逆累积密度函数（cumulative density function，CDF），且 $\boldsymbol{\varepsilon}\sim U(\boldsymbol{0},\boldsymbol{I})$。尽管我们可以使用全协方差高斯后验，但它只会使优化问题变得更加复杂，因为参数的数量从 $O(K)$ 增加到了 $O(K^2)$，其中 K 是潜在空间的维度，并且必须确保协方差矩阵是半正定的。

文献[21]中的实验表明，当使用规模为 M 的小批量优化时，只要 M 取值足够大，例如 100，仅使用一个来自近似后验 $\boldsymbol{z}^{(1)}\sim q(\boldsymbol{z}|\boldsymbol{x};\boldsymbol{\Theta})$ 的样本就足够了。然而为减小计算量，即便 M 不是足够大，仅使用一个样本的现象也很普遍。

在下表中，我们以高阶视角总结（基础版）VAE 算法，并假设基础分布 $p(\boldsymbol{\varepsilon})$ 为任意分布。

算法 6：VAE（或更广义的 AEVB 算法）

1：当不收敛时，执行

2：　随机抽取一个样本数据 $\boldsymbol{x}_i$

3：　从基础分布 $p(\boldsymbol{\varepsilon})$ 中随机抽取 $\boldsymbol{\varepsilon}$

4：　计算 B_{ELBO} 估计量关于 $\boldsymbol{\Theta}$ 和 $\boldsymbol{\Psi}$ 的梯度

5：　使用梯度更新参数 $\boldsymbol{\Theta}$ 和 $\boldsymbol{\Psi}$

6：　若收敛则结束，否则执行步骤 1

5.3.1　条件 VAE

由于普通 KL 散度无法确保生成的样本具有指定特征，因此我们必须不断地抽取样本，直到其具有指定特征为止，这就限制了模型的实际应用。例如，生活中一个常见的任务是在给人染发之前，自动给照片上的头发上色。接下来的问题是如何确保模型能够产生目标样本，而不是完全随机的样本。

我们真正希望的是限定模型的输出包含某种信息 $\boldsymbol{Y}$，因此它被命名为条件 VAE（条件变分自编码器 conditional VAE，CVAE）[26]，如图 5.4 所示。现在目标变成了对于每一个观测变量 $\boldsymbol{x}_i$，最大化 $\log p(\boldsymbol{x}_i \mid \boldsymbol{y}_i)$。按照式(5.6)和式(5.7)中的推导方式，可以得到

$$\begin{aligned}\log p(\boldsymbol{x}_i \mid \boldsymbol{y}_i;\boldsymbol{\Theta}) &\geqslant E_{q(z\mid \boldsymbol{x}_i,\boldsymbol{y}_i;\boldsymbol{\Psi})}[p(\boldsymbol{x}_i,\boldsymbol{z}\mid \boldsymbol{y}_i;\boldsymbol{\Theta}) - q(z\mid \boldsymbol{x}_i,\boldsymbol{y}_i;\boldsymbol{\Psi})] \\ &= E_{q(z\mid \boldsymbol{x}_i,\boldsymbol{y}_i;\boldsymbol{\Psi})}[\log p(\boldsymbol{x}_i\mid \boldsymbol{z},\boldsymbol{y}_i;\boldsymbol{\Theta})] - \\ &\quad D_{\mathrm{KL}}(q(\boldsymbol{z}\mid \boldsymbol{x}_i,\boldsymbol{y}_i;\boldsymbol{\Psi}) \parallel p(\boldsymbol{z}\mid \boldsymbol{x}_i,\boldsymbol{y}_i;\boldsymbol{\Theta}))\end{aligned} \tag{5.12}$$

P. 121

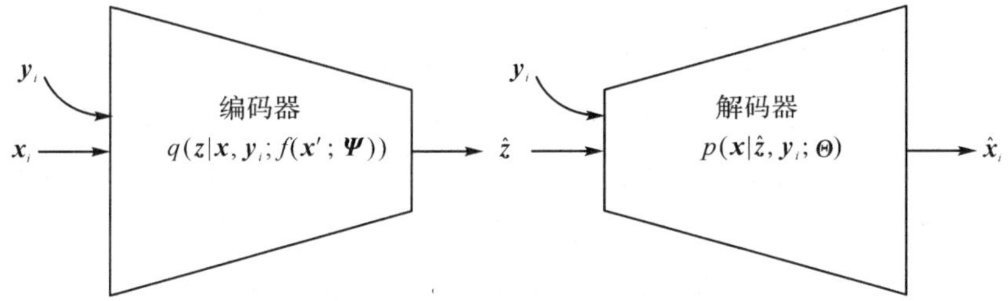

图 5.4　CVAE 模型原理示意图

注意，CVAE 与 KL 散度基本相同，唯一的区别是在输入样本 $\boldsymbol{x}$ 和抽样的潜变量 $\boldsymbol{z}$ 中增加了额外的条件信息 $\boldsymbol{Y}$。前者使辨识模型可以推断出与条件对应的分布，而后者使生成网络知道分布的限制条件是什么。

在 KL 散度中，推断模型 $q(\boldsymbol{z}_i \mid \boldsymbol{x}_i;\boldsymbol{\Psi})$ 的输入为 $\boldsymbol{x}_i$，输出为 $\boldsymbol{z}_i$，很明显对于条件推断模型 $q(\boldsymbol{z}_i \mid \boldsymbol{x}_i,\boldsymbol{y}_i;\boldsymbol{\Psi})$，必须在输入中增加 $\boldsymbol{y}_i$。一种可行的方法是在将 $\boldsymbol{x}_i$ 输入推断模型之前，将条件 $\boldsymbol{y}_i$ 放在 $\boldsymbol{x}_i$ 的末尾。类似的方法也适用于生成模型。因此，仅仅改变模型的输入，就可以得到 CVAE。

为方便实现，可以将类别信息进行编码，用于告诉模型输入（或潜在编码）属于哪一类。直观地讲，先验分布被划分为不同的区域，每个区域对应一个特定的标签，这使得我们能够在它们之间进行选择。此外，通过将样本分为不同的类，同类

数据点之间的相似程度增加，这就提高了 CVAE 的建模能力和样本质量。

5.3.2 $\boldsymbol{\beta}$-VAE

从式(5.7)可以看出，优化证据下界是样本重构质量和先后验对齐之间的折中。根据应用场景的不同，我们可能更希望模型生成高质量的真实样本，或学习到丰富的潜在表示，又或是对介于二者之间的某种情况进行优先级排序。但是，式(5.7)没有对各个单独目标施加控制。因此，更高的证据下界并不意味着学习到了更优的表示。所以，证据下界并不是一个适用于表示学习的理想目标函数。

率失真理论讨论了表示规模和保真度之间关系的困境。在理想情况下，我们希望模型沿着失真-率平面的帕累托(Pareto)前沿找到一个理想的局部最优解。
P. 122 在 β-KL 算法中，我们将保真度作为模型输出的对数似然，并将比率和后验与先验分布之间的散度联系起来，因为当先验分布与后验分布不一致时，需要通过信道发送额外的信息，来纠正由先验错误编码产生的后验样本。

像前文那样，写出等价最大化问题的拉格朗日公式，可得

$$F(\theta,\phi,\beta)=E_q[\log p(\boldsymbol{x}\,|\,\boldsymbol{z};\boldsymbol{\Theta})]-\beta D_{\mathrm{KL}}(q(\boldsymbol{z}\,|\,\boldsymbol{x};\boldsymbol{\Psi})\parallel p(\boldsymbol{z})) \tag{5.13}$$

式中，β 是拉格朗日乘子。式(5.13)是 β-KL 算法的目标函数[27]，如果考虑整个数据分布的话，其与式(3.14)等价。对于较大的 β 值，即当 $\beta>1$ 时，会给后验分布不匹配项配置较高的权重，迫使比率 R 对应的 δ 较低，从而限制了潜在空间的表示能力。此时，数据的局域性进一步增强；随后，变分的独立生成因子在不同潜在维上的一致性也提升了[28]。因此，潜在空间的表示会变得更加清晰。后验分布协方差矩阵的对角线结构也有助于变分因子与坐标轴对齐。

综合权衡保真度和压缩率，用对数似然来评估所学表征的质量并不合适。尽管如此，我们可以使用一个低容量的线性分类器 $p(\boldsymbol{y}\,|\,\boldsymbol{z})$ 来预测潜在空间的标签。如果分类器的准确度较高，则表明潜在空间是线性可分的且容易解码，从而问题得到解决。

5.4 重要性加权自编码器

如前文所述，VAE 的目标函数会严厉惩罚那些不能解释数据的近似后验样本。所以式(5.7)中的对数似然项必须足够大，才能抵消由 KL 正则化造成的错位惩罚。但如果 VAE 准则过于严格，就会限制模型的灵活性。如果我们放宽这个限制，对那些不太可能解释观测数据的样本更加宽容，那么生成模型将具有更大的灵

活性。

用估计器的期望代替式(5.5)中似然比 $p(\boldsymbol{x},\boldsymbol{z};\boldsymbol{\Theta})/q(\boldsymbol{z}\mid\boldsymbol{x};\boldsymbol{\Psi})$ 的期望，由此可得类似于式(5.2)中的重要性采样的期望，即

$$\log p(\boldsymbol{x}) = \log E_q\left[\frac{1}{T}\sum_{i=1}^{T}\frac{p(\boldsymbol{x},\boldsymbol{z};\boldsymbol{\Theta})}{q(\boldsymbol{z}\mid\boldsymbol{x};\boldsymbol{\Psi})}\right] \geqslant E_q\left[\log\frac{1}{T}\sum_{i=1}^{T}\frac{p(\boldsymbol{x},\boldsymbol{z};\boldsymbol{\Theta})}{q(\boldsymbol{z}\mid\boldsymbol{x};\boldsymbol{\Psi})}\right] = B_{\mathrm{ELBO_{IS}}} \tag{5.14}$$

这里我们再次应用了詹森不等式，其中 T 是抽取样本的数量。

注意，当 $T=1$ 时，式(5.14)与式(5.7)是相等的，因此从重要性抽样的角度来看，前者可以视为后者的推广应用。通过抽取多个样本，我们逐步得到更紧致的边界，方差也会越来越小[29]。实际上，重要性加权自编码器(importance weighted autoencoder，IWAE)估计量的偏差和方差都会以 $O(1/T)$ 的速率不断减小，从而得到真实似然 $p(\boldsymbol{x})$ 的一致有偏估计[30]。因此，当 T 增加时 $B_{\mathrm{ELBO_{IS}}}$ 的梯度会指向更优的方向。 P. 123

重要性加权自编码器的更新准则是通过对样本进行加权平均来实现的，其中每个样本的权重与重要性权重 $w_i=p(\boldsymbol{x},\boldsymbol{z};\boldsymbol{\Theta})/q(\boldsymbol{z}\mid\boldsymbol{x};\boldsymbol{\Psi})$ 成正比，如下所示：

$$\begin{aligned}
\nabla_{\boldsymbol{\Theta}} B_{\mathrm{ELBO_{IS}}} &= \nabla_{\boldsymbol{\Psi},\boldsymbol{\Theta}} E_q\left[\log\frac{1}{T}\sum_{i=1}^{T}\frac{p(\boldsymbol{x},\boldsymbol{z};\boldsymbol{\Theta})}{q(\boldsymbol{z}\mid\boldsymbol{x};\boldsymbol{\Psi})}\right]\\
&= E_{p(\boldsymbol{\varepsilon})}\left[\nabla_{\boldsymbol{\Psi},\boldsymbol{\Theta}}\log\frac{1}{T}\sum_{i=1}^{T}\frac{p(\boldsymbol{x},g(\boldsymbol{\varepsilon},\boldsymbol{x}_n;\boldsymbol{\Psi});\boldsymbol{\Theta})}{g(\boldsymbol{\varepsilon},\boldsymbol{x}_n;\boldsymbol{\Psi})\mid\boldsymbol{x};\boldsymbol{\Psi}}\right]\\
&= E_{p(\boldsymbol{\varepsilon})}\left[\nabla_{\boldsymbol{\Psi},\boldsymbol{\Theta}}\log\frac{1}{T}\sum_{i=1}^{T}w_i\right]\\
&= E_{p(\boldsymbol{\varepsilon})}\left[\nabla_{\boldsymbol{\Psi},\boldsymbol{\Theta}}\sum_{i=1}^{T}\widetilde{w}_i\log w_i\right]
\end{aligned} \tag{5.15}$$

这里我们使用了再参数化技巧，$z_n=g(\boldsymbol{\varepsilon},\boldsymbol{x}_n;\boldsymbol{\Psi})$ 且 $\boldsymbol{\varepsilon}\sim p(\boldsymbol{\varepsilon})$，将梯度移到了期望内部，而 $\widetilde{w}_i$ 是标准化的重要性权重 $\widetilde{w}_i = w_i/\sum_{i=1}^{T}w_i$ 。

相比式(5.15)中的对数-重要性权重，标准化权重 $\widetilde{w}_i$ 可以看作是它们的 softmax(软化极大值函数)版：

$$l_i = \log w_i \rightarrow \widetilde{w}_i = \frac{\mathrm{e}^{l_i}}{\sum_{j=1}^{T}\mathrm{e}^{l_i}} = \mathrm{softmax}\,(\boldsymbol{l})_i \tag{5.16}$$

重要性权重按照最高的对数似然比(对应于最能解释数据的样本)对样本进行了优先级排序。这样，低似然样本的重要性降低了，对它们施加的惩罚也就减弱

了，在 VAE 的约束下，近似后验分布获得了更大的自由度，使得它能够拓展到真实后验的多个模态上，从而成为更好的近似。

必须谨记，当从后验中多次抽取样本时，模型会被不断优化并获得更好的性能。因此，不能期望重要性加权自编码器仅使用单个样本就具有很好的性能。使用重要性加权自编码器训练通常会导致模型中的每个独立样本都具有较低的证据
P. 124 下界，这就是为什么仅使用下游任务来近似后验的单个样本时，重要性加权自编码器可能不是很合适的原因。此外，重要性加权估计在高维潜在空间中具有众所周知的糟糕的扩展性[31]。

随着样本数目 T 越多，重要性采样的证据下界越紧密且幅度越小，梯度方差也越小。准确地讲，推断模型信噪比的实际收敛速率为 $O(1/T)$[32]。所以，虽然 $T \gg 1$ 对于生成模型有利，但它会降低推断模型的训练速度。通过对 M 个梯度样本进行平均，可以将收敛速率提升到 $O(\sqrt{M}/\sqrt{T})$，问题得到了缓解。同时，还有两个样本的数量需要调整：M 的大小可以调节梯度的方差，T 的大小可以调节边界的紧密度。在实践中，增加小批量学习的规模也会达到类似的效果。我们也可以对生成模型和推断模型分别使用不同的目标函数。

5.5 VAE 存在的问题

VAE 及其拓展模型是生成建模的重要工具，但它们并非没有缺点，下文简要介绍其存在的主要问题。

5.5.1 后验实效

证据下界通过优化生成模型来拟合数据分布，并通过优化推断模型进行摊销推断。然而，由于模型容量有限，通常并不能同时充分地执行两项任务，而且可能会出现错误，因此需要对二者进行折中。

对后验分布采用独立高斯分布的假设限制了模型的表达能力，解决方法之一是使用更加灵活的分布族来近似后验分布。然而，如果需要处理大规模数据的话，使用的分布必须能够同时进行有效地抽样、计算和求导。

5.5.1.1 全协方差高斯分布

一种直接的改进方法是用各维度之间存在相关性的协方差矩阵，来代替具有对角协方差矩阵的高斯分布。具有满秩协方差 $\boldsymbol{\Sigma}$ 的任意多元高斯分布能实现每个

坐标轴的伸缩和旋转，从而在潜在空间中建立选定的方向。

直接学习协方差非常麻烦，因为随着潜在空间维度 d 的增加，参数数量会以 $O(d^2)$的速率快速增长，同时还需要保证 $\boldsymbol{\Sigma}$ 是半正定的。此外，我们还可以再次将 P. 125
潜随机变量写作基础随机变量的确定性变换，即 $\boldsymbol{z}=\boldsymbol{\mu}+\boldsymbol{L\varepsilon}$，式中 $\boldsymbol{\varepsilon}\sim N(\boldsymbol{0},\boldsymbol{I})$，$\boldsymbol{L}$ 是对角线为非零元素的下三角形矩阵。

5.5.1.2　辅助潜变量

我们可以使用辅助潜变量 $\boldsymbol{A}$ 来扩充推断模型与生成模型[33-34]，例如，

$$q(\boldsymbol{z}\mid\boldsymbol{x})=\int q(\boldsymbol{a},\boldsymbol{z}\mid\boldsymbol{x})\mathrm{d}\boldsymbol{a}=\int q(\boldsymbol{a}\mid\boldsymbol{x})q(\boldsymbol{z}\mid\boldsymbol{A},\boldsymbol{x})\mathrm{d}\boldsymbol{a} \tag{5.17}$$

这种层次化的设定允许潜变量通过 $\boldsymbol{A}$ 进行关联，从而定义了一种通用的非高斯隐性边缘分布，同时保持了全因式分解模型的计算效率。

类似地，对于生成模型，可以得到

$$p(\boldsymbol{z},\boldsymbol{x})=\int p(\boldsymbol{z},\boldsymbol{x},\boldsymbol{a})\mathrm{d}\boldsymbol{a}=\int p(\boldsymbol{a}\mid\boldsymbol{z},\boldsymbol{x})p(\boldsymbol{z},\boldsymbol{x})\mathrm{d}\boldsymbol{a} \tag{5.18}$$

直接利用 3.2.1.1 节中式(3.7)的推导来求辅助 VAE 的证据下界目标函数，可得

$$\begin{aligned}\log p(\boldsymbol{x}) &= \log\int p(\boldsymbol{a},\boldsymbol{z},\boldsymbol{x})\mathrm{d}\boldsymbol{a}\mathrm{d}\boldsymbol{z}\\ &\geqslant E_q\left[\log\frac{p(\boldsymbol{a}\mid\boldsymbol{z},\boldsymbol{x};\boldsymbol{\Theta})p(\boldsymbol{x}\mid\boldsymbol{z};\boldsymbol{\Theta})p(\boldsymbol{z})}{q(\boldsymbol{a}\mid\boldsymbol{x};\boldsymbol{\psi})q(\boldsymbol{z}\mid\boldsymbol{A},\boldsymbol{x};\boldsymbol{\psi})}\right]\end{aligned} \tag{5.19}$$

$$= B_{\mathrm{ELBO}_{\mathrm{aux}}} \tag{5.20}$$

5.5.1.3　归一化流

归一化流由一系列的可逆映射构成，它们可以将初始的基础分布转换成复杂的分布[35]。在第 k 步，归一化流通过改变由映射 $\boldsymbol{z}_K=f_K(\boldsymbol{z}_{K-1})$ 指定的变量，来将分布 $q_{K-1}(\boldsymbol{z}_{K-1})$ 转换为 $q_K(\boldsymbol{z}_K)$，具体如下：

$$q_K(\boldsymbol{z}_K)=q_{K-1}(\boldsymbol{z}_{K-1})\left|\det\left(\frac{\partial f_k^{-1}}{\partial\boldsymbol{z}_{K-1}}\right)\right|=q_{K-1}(\boldsymbol{z}_{K-1})\left|\det\left(\frac{\partial f_k}{\partial\boldsymbol{z}_{K-1}}\right)\right|^{-1} \tag{5.21}$$

式中，$\dfrac{\partial f}{\partial\boldsymbol{z}}$ 是雅可比矩阵；det 表示矩阵的行列式。

如果雅可比矩阵可以计算，就可以通过基础分布抽样并应用映射链 $f_1\circ\cdots\circ f_K$ P. 126
来完成估计密度抽样。此外，由于映射是可逆的，也可以应用反序逆映射 $f_K^{-1}\circ\cdots\circ f_1^{-1}$ 来执行推断。最终得到的分布 $q_K(\boldsymbol{z}_K)$ 的对数似然为

$$
\begin{aligned}
q_K(\boldsymbol{z}_K) &= \log\left[q_0(\boldsymbol{z}_0)\prod_{k=1}^{K}\left|\det\left(\frac{\partial f_k^{-1}}{\partial \boldsymbol{z}_{K-1}}\right)\right|^{-1}\right] \\
&= \log q_0(\boldsymbol{z}_0) - \sum_{k=1}^{K}\log\left|\det\left(\frac{\partial f_k^{-1}}{\partial \boldsymbol{z}_{K-1}}\right)\right|
\end{aligned}
\tag{5.22}
$$

这时可以使用推断网络输出参数化的归一化流，从一个简单的基础分布 $p(\boldsymbol{\varepsilon})$（标准多元高斯分布）开始，来近似后验分布 $q(\boldsymbol{z}|\boldsymbol{x})$，得到更复杂的分布[35]。例如，可以使用输出为标量的单隐藏层前馈网络来定义一个非线性变换，如下所示：

$$
f(\boldsymbol{z}) = \boldsymbol{z} + \boldsymbol{u}h(\boldsymbol{w}^{\mathrm{T}}\boldsymbol{z} + \boldsymbol{b}) \tag{5.23}
$$

式中，权重 $\boldsymbol{w}$、偏差 $\boldsymbol{b}$ 和标度 $\boldsymbol{u}$ 是学习参数的向量表示；$h(\cdot)$是一个逐元素的平滑非线性映射。

前述映射的表达能力有限，因此需要大量的链式转换来捕获高维依赖性[36]。此外，还可以通过自回归函数来引入这种依赖性，从而使雅可比矩阵的计算足够简单[36-38]。采用具有仿射变换的自回归流很常见，然而由于其仿射属性，它们的表达能力很有限。尽管如此，将自回归变换的多个层链接起来仍然可以得到复杂的多元分布。

5.5.2 后验坍缩

后验坍缩是指在 VAE 优化的过程中出现的一种不良现象，其中变分后验分布和真实模型后验分布都坍缩到先验分布，即 $q(\boldsymbol{z}|\boldsymbol{x};\boldsymbol{\psi}) = p(\boldsymbol{z}|\boldsymbol{x};\boldsymbol{\Theta}) = p(\boldsymbol{z})$。在此情况下，后验分布不包含任何关于输入 $\boldsymbol{x}$ 的信息，也没有学习到有用的潜在表示。此时 KL 散度为零，没有额外的信息被传递。这对应于 5.3.2 节讨论的失真-率平面。

对于推断网络来讲，真实模型后验分布是一个动态目标，因此它自然会滞后，特别是在训练刚开始时，此时由于模型参数是随机初始化的，因此变量 $\boldsymbol{X}$ 和 $\boldsymbol{Z}$ 几
P. 127 乎是相互独立的。当 $q(\boldsymbol{z}|\boldsymbol{x};\boldsymbol{\psi})$和 $p(\boldsymbol{z}|\boldsymbol{x};\boldsymbol{\Theta})$开始发散时，变量 $\boldsymbol{Z}$ 与 $\boldsymbol{X}$ 无关，$q(\boldsymbol{z}|\boldsymbol{x};\boldsymbol{\psi}) \approx q(\boldsymbol{z};\boldsymbol{\psi})$，此时模型没有传递任何信息。与来自数据似然性的微弱信号相比，证据下界目标函数中 KL 散度项的正则化信号可能过于强烈。因此，模型倾向于忽略潜变量编码，并收敛到局部最优 $q(\boldsymbol{z}|\boldsymbol{x};\boldsymbol{\psi}) = p(\boldsymbol{z}|\boldsymbol{x};\boldsymbol{\Theta}) = p(\boldsymbol{z})$。然后，生成模型负责重构 $\boldsymbol{X}$ 并有效地最大化该边界。

数据的分布信息可以通过两种路径编码：潜在空间表征和生成模型权重。一个过于强大的生成模型更容易导致后验坍缩，因为它有足够的容量去存储充足的权重信息。事实上，自回归生成模型产生后验坍缩效应的情况很常见[24,39]。

自发现后验坍缩以来，人们提出了许多解决这一问题的方法，如在 KL 散度项的加权因子上使用退火调度[40]；修改证据下界的目标函数，确保 KL 散度项有一个平均的最小值，从而保证最少的信息传输量[36]；使用 $\beta<1$ 的 β-VAE 框架[24]；以内循环方式不断优化更新推断网络[39]。后者是目前最有前途的一种方法，在推断模型和生成模型上都取得了很好的效果，但计算时间成本也增加了 2～3 倍。

5.5.3 潜在分布

VAE 利用路径梯度估计器，通过计算图中的随机节点并使用自动微分工具，来实现梯度的计算。然而，该估计器假设期望下的分布是连续的，所以不能用于离散情况。这一特点限制了其建模能力，例如，在潜在空间上不能使用分类分布。

有些学者使用分数函数估计器来估计梯度[41-42]。这类算法所依赖的替代估计器对底层分布不做任何假设，可以同时处理离散数据和连续数据，很好地解决了上述问题。尽管如此，如附录 A.1 节所示，该估计器的方差通常很大，因此需要使用方差缩减技术来确保其工作正常。

有些学者通过将离散型随机变量放宽到连续分布来实现离散型随机变量的再参数化[43-44]，然后再使用路径梯度估计器来获得目标函数的低方差有偏梯度估计。然而，这些方法的代价是在训练的过程中需要引入一个新的温度参数并进行退火处理。

5.5.3.1 连续松弛

在再参数化过程中，我们通过标准高斯随机变量的变换来从任意高斯分布中抽样，与之类似，应用 Gumbel-max 技巧①，我们可以用一个连续分布从非标准 K 分类分布 Π_K 中抽取一个离散型随机变量 $\boldsymbol{X}$，其概率密度函数为 $\pi_k(x)$[45]，具体如下： P. 128

$$x = \underset{k}{\operatorname{argmax}} \log \pi_k(\cdot) + G_k \tag{5.24}$$

式中，G_k 是由 K 个标准 Gumbel 分布随机变量构成的独立同分布序列中的一个元素。

Gumbel 可以对指数族分布样本的极值进行建模，其累积分布函数定义为 $F(x)=\exp(-\exp(-x))$。因此，我们可以用逆公式得到

---

① 这是一种从离散分布（如分类分布）中采样的数字方法。它通过利用 Gumbel 噪声将确定性 argmax 操作转化为随机采样。——编者注

$$G = -\log(-\log U), U \sim U[0,1] \tag{5.25}$$

将其与式(5.24)结合，可以有效地从标准均匀分布中抽取出离散样本。

然而，argmax 函数是不可微的，不能在梯度学习时使用。因此，我们将其替换为 softmax 函数，在概率单纯形上引入温度参数 τ 以实现连续松弛，方法如下：

$$x = \text{softmax}(\log \alpha + G) \tag{5.26}$$

这种软化的再参数化版也被称为 Gumbel-softmax 技巧，其对应的分布称为 Concrete 分布。温度参数 τ 用于调节表示的离散度，如 $\lim\limits_{\tau \to 0} \text{Concrete}_K(x) = \Pi_K(x)$。$\tau$ 越大，分布越平滑，梯度的方差越低；τ 越小，样本越精确，但梯度的方差会增大。超参数 τ 是鲁棒的，在优化过程中通常遵循由高到低的退火策略。

5.5.3.2 向量量化

一种学习离散潜在表示的流行方法是向量量化 VAE，向量量化可以将输出映射到辨识模型中最近邻的 M 个参考元素上，码本(codebook)中的输出最终会被传递给生成模型[46]。由于最近邻匹配是不可微的，为了使算法能够正常工作，因此必须将梯度从生成器的输入复制到解码器的输出，并使用最近邻查找来匹配以更新码本。

P. 129 虽然该算法取得了很好的生成结果，但其原始公式和通用公式都不是随机性的，也就是说，算法的所有操作都是确定性的。尽管如此，我们可以采用在 K 分类分布 Π_K 上的抽样来代替最近邻点查找，定义如下：

$$\Pi_K = \prod_{i=1}^{k} p_i^{[x=i]} \tag{5.27}$$

式中，如果 $x=i$，$[x=i]$的估计值为 1，否则为 0。

概率 p_i 为辨识模型输出 $h(\boldsymbol{x})$与码本元素$\{\boldsymbol{c}\}_M$ 之间的距离[47]，由此可得

$$q(\boldsymbol{z}\,|\,\boldsymbol{x}) = \Pi_K\left(\boldsymbol{z}\,|\,\text{softmax}(\|\{\boldsymbol{c}\}_M - h(\boldsymbol{x})\|_2)\right) \tag{5.28}$$

5.6 实验

本节将在两个知名的图像数据集上，利用不同的潜变量维度训练并分析 VAE 和 CVAE 模型的性能。此外，我们还研究了式(5.13)中 KL 散度项权值 β 的变化对失真-率平面的影响，以及归一化流对后验分布的影响。

5.6.1 数据集

5.6.1.1 MNIST

MNIST 数据集由 60000 个训练样本和 10000 个测试样本构成，每个样本均为 28×28 个像素的手写数字灰度图像[48]，且属于数字 0～9 中的一个类。图 5.5 为各数字类中单个图像的样本示例。

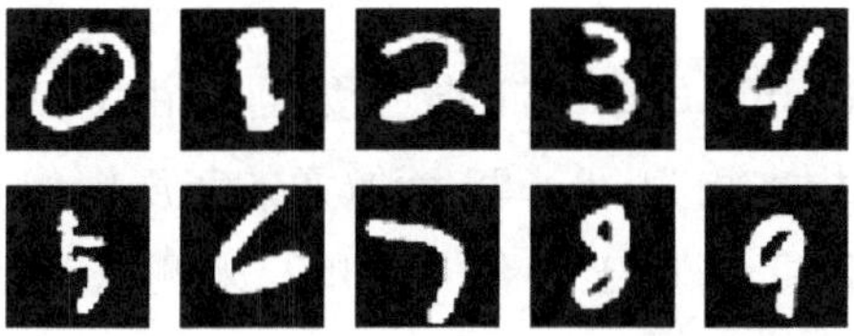

图 5.5　MNIST 数据集中 10 个不同数字类的样本示例

统一流形逼近和投影（uniform manifold approximation and projection，UMAP）[49]是一种即开即用的数据可视化工具，类似于 t 分布随机领域嵌入（t-distribution stochastic neighbor embedding，t-SNE）[50]，但它可以更快更好地将数据缩放到高维空间，从而更好地保存全局数据结构的方位信息。利用这种降维技术，我们可以观察到 MNIST 数据集的结构，如图 5.6 所示。可以看出，所有样本都具有良好的聚类。

P. 130

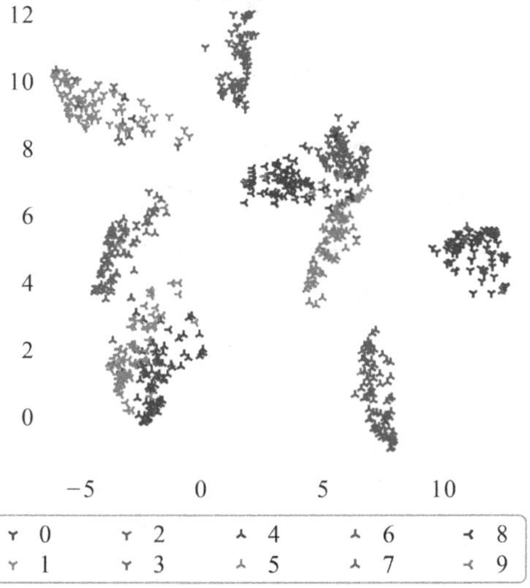

图 5.6　MNIST 原始像素空间的 UMAP 二维投影（彩图 3）

随机森林[51]和高斯核的支持向量机[52]等标准的机器学习算法在 MNIST 数据集上的分类准确率超过了 97%，而深度学习模型更是超过了 99.5%[53]。如此高的分类准确率使得研究人员很难准确评估观察到的性能改进与选用的算法模型在统计上是否相关。因此，MNIST 在基准测试中几乎毫无用处，也不再是现代计算机视觉任务的代表。不过作为一个小型数据集，近年来它主要被用于进行基本检查和算法原型测试。

5.6.1.2 Fashion-MNIST

P. 131 与 MNIST 类似，Fashion-MNIST 数据集同样由 60000 个训练样本和 10000 个测试样本构成，每个样本均为 28×28 个像素的灰度图像，分属于 10 个不同的服装类[54]。Fashion-MNIST 可用于替代 MNIST 来测试算法模型，如图 5.7 所示，可以看到图片中包含了更多的细节。

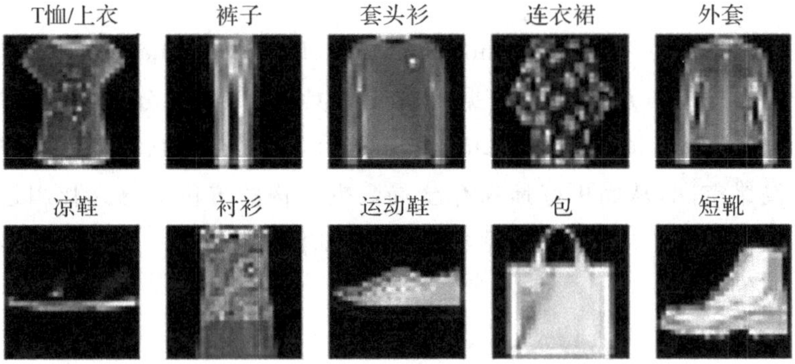

图 5.7　Fashion-MNIST 数据集中 10 个不同类别的样本示例

比较图 5.8 的 Fashion-MNIST 数据集与图 5.6 的 MNIST 数据集的原始像素结构，可以发现前者的同类服饰(对应身体相同部位)在特征空间存在部分重叠的聚类族。虽然 Fashion-MNIST 同样比较简单，但它并不像 MNIST 那么容易识别，其识别准确率仍然有一定的提升空间。

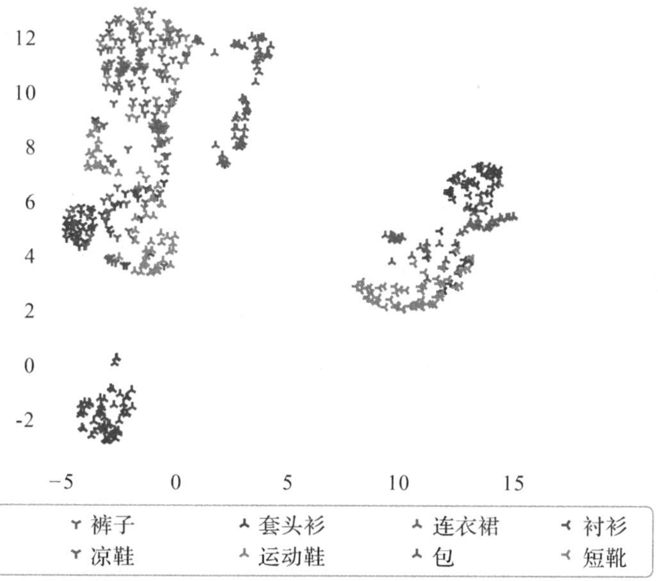

图 5.8　Fashion-MNIST 原始像素空间的 UMAP 二维投影(彩图 4)

5.6.2　实验设置

本研究所有模型的编码器和生成器均使用了具有 ReLU 激活函数的全连接网络,并为潜在空间采用了高斯分布。在所有实验中,将输入图像 $\boldsymbol{x}_i$ 从范围[0,1]二值化为{0,1},阈值为 0.5,将每个二值化后的元素 j 都视为一个独立伯努利分布的实现。类似地,将输出建模为独立伯努利分布 $\widehat{X}_{ij}$ 的参数。因此,对数似然函数 $\log p(\boldsymbol{x}_i | \boldsymbol{z}_i;\Theta)$ 就变成了二元交叉熵,如下所示:

$$H(p_i, \widehat{p}_i) = \sum_{j \in |x_i|} -x_{ij} \log x_{ij} - (1 - \widehat{x}_{ij}) \log(1 - \widehat{x}_{ij}) \tag{5.29}$$

式中,p_i 是二值化样本 $\boldsymbol{x}_i$ 产生的二项分布;$\widehat{\cdot}$ 符号表示与模型输出相关的量。

此外,实验使用规模为 $b_s = 128$ 的批处理,对每个输入数据,从潜在空间中抽取 1 个随机样本,设置 $e_{pc} = 100$ 次,采用学习速率 $l_r = 0.001$ 的变分自适应矩估计法[55]进行训练。

依次设置潜在空间的维度 d 为 2、8、32 和 128,分别训练 VAE 和 CVAE 模型。由于 MNIST 数据集比较简单,因此将其编码器和生成器的隐藏层数量都设置为 $h_l = 1$,而对于 Fashion-MNIST 数据集,隐藏层数量设置为 $h_l = 2$。为简单起见,将解码器设计为编码器的镜像。因此,构建的模型结构如下:

- MNIST:784→200→d→200→784;
- Fashion-MNIST:784→400→200→d→200→400→784。

5.6.3 实验结果

如图 5.9 所示，VAE 和 CVAE 模型的表现在总体上比较接近。当潜在空间维度较低时，模型会在压缩过程中丢失大量信息，因而不能很好地表示数据集的不同特征，这正是 $d=2$ 时证据下界曲线较低的原因。当增加潜在空间的维度 d，模型可以对被忽略的信息进行编码，从而使证据下界显著提升。这种性能提升在 d 较大时达到饱和，当 d 过大时证据下界曲线几乎不再发生变化。从图中可以看出，Fashion-MNIST 数据集上的性能要低于 MNIST，而 CVAE 与 VAE 的证据下界结果比较接近。在图 5.9(a)和 5.9(b)中，$d=128$ 时的证据下界曲线与 $d=32$ 时的情况大体一致；而在图 5.9(c)和 5.9(d)中，$d=128$ 时的证据下界曲线也只是比 $d=32$时略低而已。VAE 对于过拟合是鲁棒的，至少对潜在空间的维度是鲁棒的。

P. 133

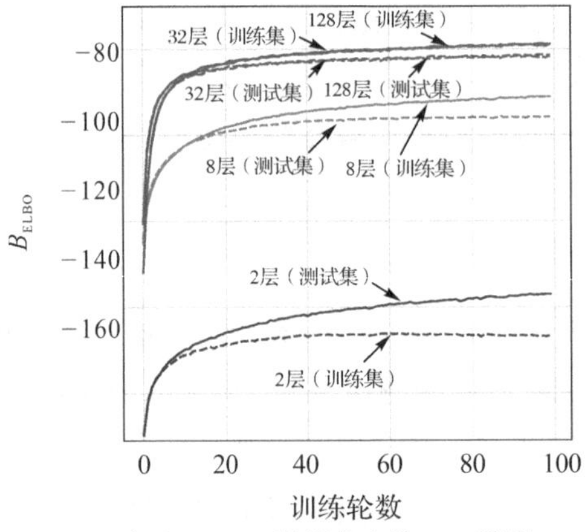

（a）MNIST数据集上的VAE模型

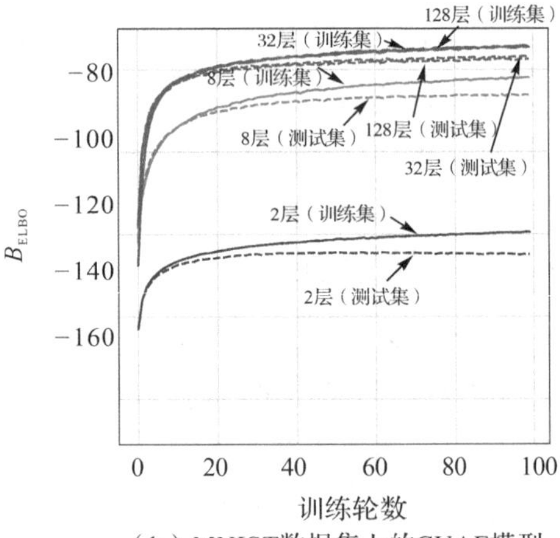

（b）MNIST数据集上的CVAE模型

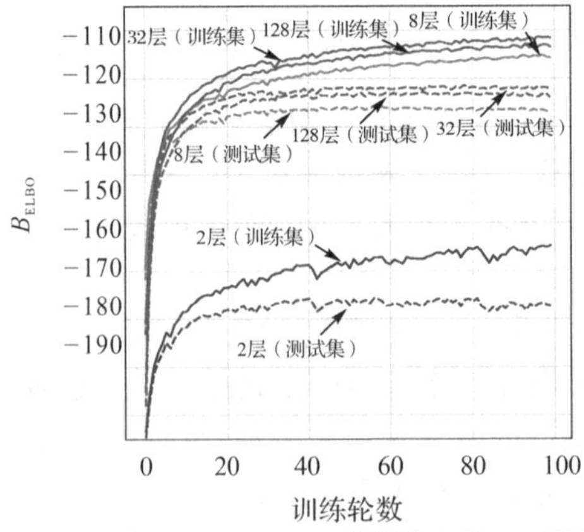

（c）Fashion-MNIST数据集上的VAE模型

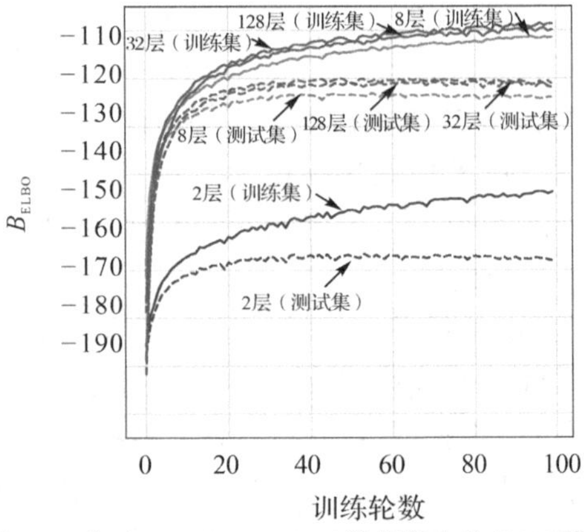

（d）Fashion-MNIST数据集上的CVAE模型

图 5.9 不同潜在空间维度下，MNIST 和 Fashion-MNIST 数据集的训练及证据下界评估结果

不出所料，在 Fashion-MNIST 数据集上，模型的测试结果明显要差一些。图 5.10 中的生成样本非常直观地证明了这一点。虽然 MNIST 数据集原始样本的细节不是很丰富，但 Fashion-MNIST 却不是这样，VAE 很难恢复更微妙的细节和更复杂的形状。通过训练 CVAE 并没有提升其生成样本质量的主要原因是，在大多数情况下，即 $d=8$、32 或 128 时，进一步增大潜在空间维度并不能获得更好的证据下界。因此，增加 10 个额外维度并不能使模型的表达能力增强。

P. 134

(a) MNIST和Fashion-MNIST数据集的原始样本和对应的二值化样本

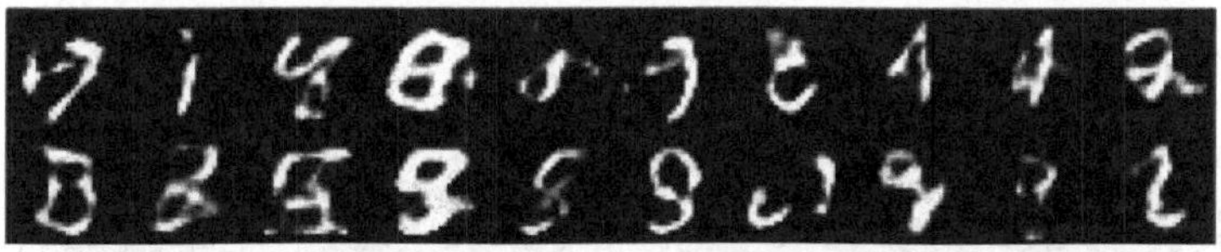

(b) MNIST数据集上的VAE模型

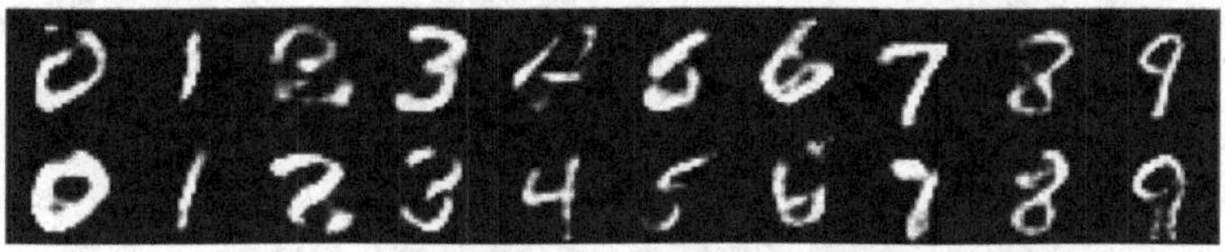

(c) MNIST数据集上的CVAE模型

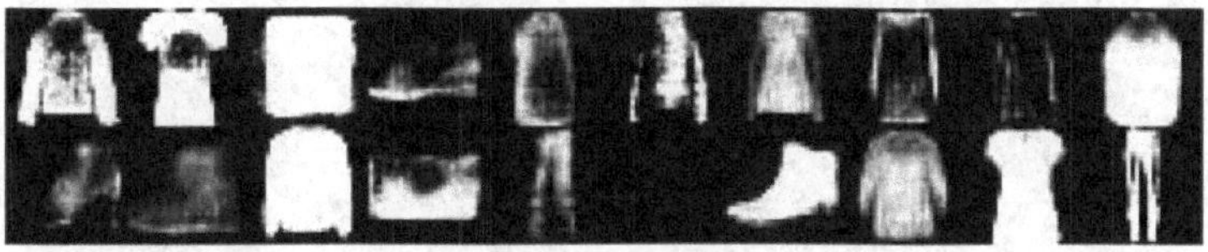

(d) Fashion-MNIST数据集上的VAE模型

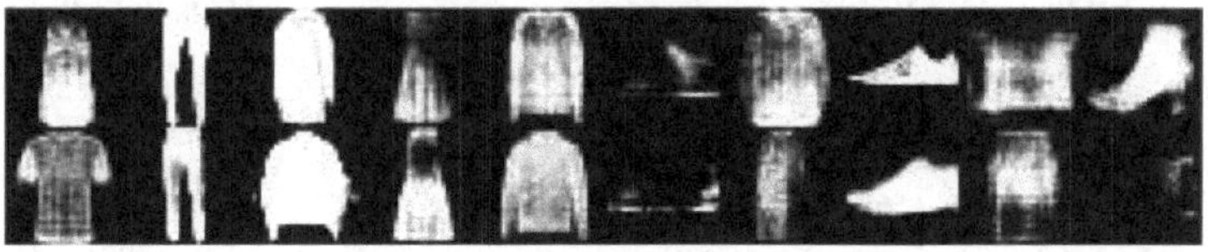

(e) Fashion-MNIST数据集上的CVAE模型

图 5.10　$d=32$ 时，VAE 和 CVAE 模型生成样本的对比

通过对比图 5.10(b)和图 5.10(c)可以看出，在 MNIST 数据集上，CAVE 的
P. 135 生成图像要比 VAE 稍微好一些；通过对比图 5.10(d)和图 5.10(e)可以发现，在 Fashion-MNIST 数据集上，两种模型的生成图像都是难以区分的，CVAE 的仅仅比 VAE 好了一点而已。与图 5.7 中的真实样本图像相比，两种模型的生成图像质量整体上都比较差。

构建 VAE 的核心问题之一是潜在空间的结构。这一特性允许我们在任意维度的不同潜表征之间进行平滑插值，从而创建新的图像样本。在图 5.11(a)中，对于同一个 MNIST 图像，我们在随机抽取的高维潜在空间样本之间进行插值，可以看到样本会逐渐变形，即 0 变得越来越细，同时 1 却变得越来越粗、越来越直。当 $d=2$时，我们可以遍历整个潜在空间并绘制其重建图。图 5.11(b)显示了由潜在高斯先验的均匀分位数生成的样本，注意图像之间的过渡非常平滑。该模型有效地将数据的变化因素编码到了潜在空间中。从图中还可以看出，人类定义的概念如厚度、方向和数字的特征在样本之间平滑地变化，表明潜在空间成功地捕获了数据中的变化因素。

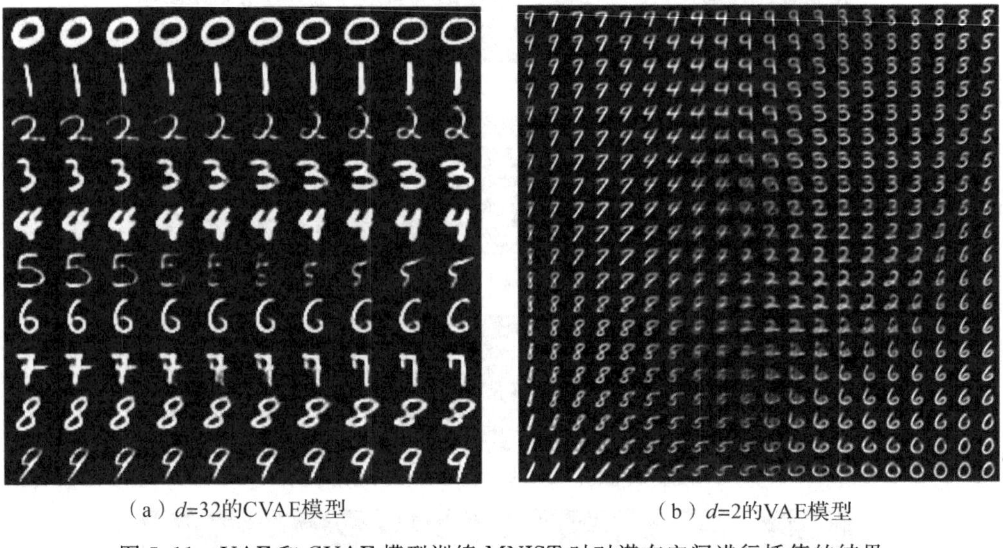

(a) d=32的CVAE模型　　(b) d=2的VAE模型

图 5.11　VAE 和 CVAE 模型训练 MNIST 时对潜在空间进行插值的结果

P. 136 由图 5.12 可以看出，在数字 4 与 9 以及数字 5 与 3 中，样本的潜在表征大多是重叠的，这说明模型不能很好地区分它们。在潜特征空间中构建的分类器对这类样本的识别准确率很差。同样，如图 5.8 所示，套头衫、外套和衬衫大都分布在

潜在空间中的同一区域，直观上讲这是合乎逻辑的，因为它们是为相同的身体部位设计的，因而具有相似的形状。由此可以得出结论，推断网络无法识别这些类别上的独有特征，这与之前得出的关于模型性能不够强大的结论一致。更现代的流，如平面流推广形式的西尔维斯特(Sylvester)流[56]，就使用了更强大的转换，因而更适合实际应用。

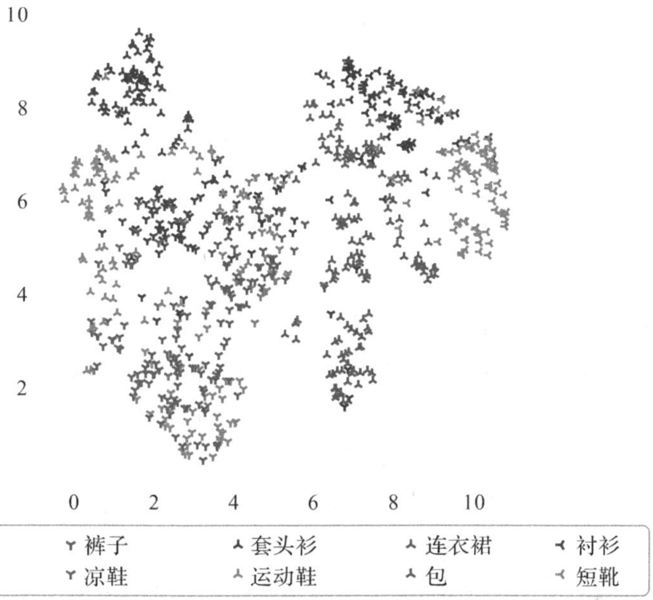

图 5.12　$d=32$ 的 VAE 模型训练 Fashion-MNIST 后的二维投影(彩图 5)

在 5.5.1 节，我们讨论了如何获得表达能力更好的后验分布。归一化流是当今最主流的方法之一，许多任务都依赖它来进行密度估计和样本生成[57]。在我们的实验中，使用它来增强变分推断，以获得更好的后验近似，进而获得更高的似然 P. 137
值。表 5.1 给出了在平面流中随着步数 K 的增加，VAE 在 MNIST 和 Fashion-MNIST 数据集上的边缘对数似然估计值(估计结果是基于重要性采样从每个测试集中抽取 1024 个样本而计算得到的)，平面流变换的定义见式(5.23)。尽管 $K=\{2,4,8\}$ 时性能提升在统计上并不显著，但与普通 VAE 相比，此时的性能提升非常明显。平面流变换是一种基本情况，每一步只影响空间中的很小一部分区域，因此需要大量的步骤才能获得期望的效果，尤其是在高维空间中。

表 5.1 不同 K 值下平面归一化流 VAE 模型的边缘对数似然的估计值

步骤 K	边缘对数似然的估计值	
	MNIST	Fashion-MNIST
0	−73.4±0.2	−116.6±0.7
1	−71.4±0.1	−112.3±0.6
2	−71.7±0.6	−112.6±0.7
4	−71.8±0.2	−112.5±0.7
8	−71.8±0.3	−112.5±0.5
16	−71.0±0.3	−112.9±0.6
32	−70.0±0.2	−113.1±0.7

不幸的是，所有的重建样本和生成样本都相当模糊。模糊性是 VAE 的一个普遍特征，其根源在于目标函数旨在最小化数据的平均对数似然值。平均而言，模型生成的样本可能表现良好，但单独来看，每个样本都不够清晰。这种效应在 Fashion-MNIST 数据集上更为明显，因为服装比数字更加多样化，也包含了更多细节，正如图 5.10 和图 5.13 所示。然而，在将输入样本二值化的过程中，许多细微特征都丢失了。在图 5.13 中，第一排图像为原始样本，其余图像为对每 10 个训练轮次拍摄一次的快照。可以看出，大部分信息都是在前 10 个训练轮次内学习到的。不过，在最后一排图像中，还是可以看到更丰富的细节。

P. 138

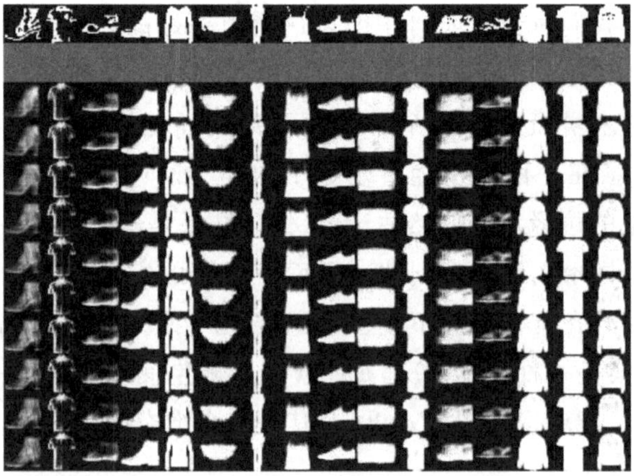

图 5.13 通过训练 $d=32$ 的 VAE 模型重建的 Fashion-MNIST 图像样本

虽然我们也可以使用原始图像的灰度值，但来自伯努利对数似然的二元交叉熵却不再适用了，此时有必要选用一个来自合适的连续实值分布的二元交叉熵，比如 logit-Normal。通常来说，要想获得更高的对数似然和样本质量，必须使用更好的模型。现如今，普通的全连接网络已经被卷积网络所取代，尤其是在图像处理领域。

如图 5.14 所示，KL 散度在整个训练过程中都比较稳定，变化很小。虽然我们只展示了 CVAE 在 Fashion-MNIST 数据集上的训练情况，但这却是在所有实验中都能观察到的普遍现象。这是 KL 散度项强大的正则化效应在模型上作用的结果，正如 5.5.2 节描述的那样。如图 5.13 所示，学习到的后验分布在第 1 轮训练后就远离了先验分布，尽管此时学习才刚刚开始，而在剩余的优化过程中，二者之间的距离几乎保持不变。如果我们使用一个输入重建能力更强大的生成器，比如自回归模型，KL 散度项的作用会强制保持后验与先验一致，从而导致出现糟糕的后验坍缩。避免这一问题最直接的方法是降低 β-VAE 中的 β 值。通过调整 β 值，可以让我们对 KL 散度项在证据下界上的正则化效应的相对重要性进行加权。图 5.14 展示了不同潜变量维度下 CVAE 模型在 Fashion-MNIST 数据集上进行训练和评估时的 KL 散度曲线。在模型容量有限的情况下，超参数可以对失真度、重建误差、通信比率和后验偏差进行折中平衡。可以从图 5.15 中观察到这种特性，其中模型性能被绘制在失真-率平面上。

P. 139

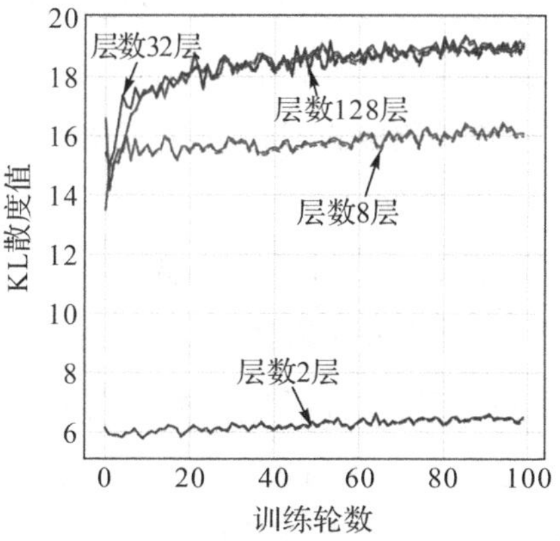

图 5.14　不同潜变量维度下 CVAE 模型在 Fashion-MNIST 数据集上进行训练和评估时的 KL 散度曲线

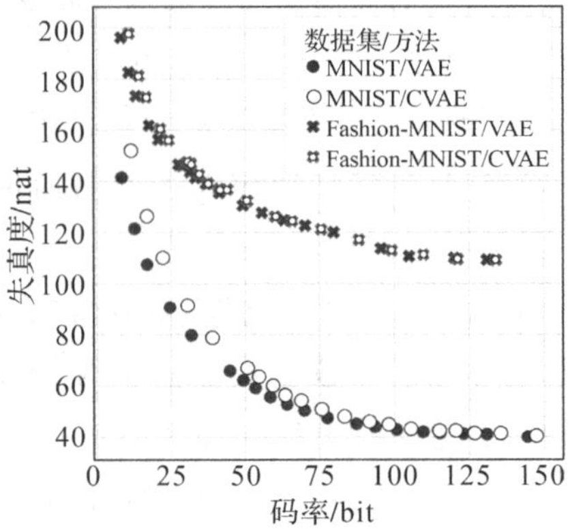

图 5.15 失真-率平面上的模型性能①

证据下界可以分解为保真度项(由数据集的自然对数似然值来度量)和码率项(由纠正先验分布中错误表示的样本所需的平均额外比特数来度量)。在平面图形中,我们使用了负保真度,即失真度。容量有限的模型无法达到数据熵的下界,我们必须设置超参数 β,并考虑为平衡这种情况做出其他设计决策。

5.7 应用:半监督学习生成模型

当今主流机器学习算法模型的参数量通常高达数百万个,并且需要大量的标
P. 140 记数据,这是目前人工智能领域最昂贵和最稀缺的资源。当标记不具有代表性时,有监督模型会产生过拟合,其泛化能力较差。生成模型可以有效地利用未标记样本,从而减少对标记的依赖,我们称之为半监督学习。

我们可以使用 VAE 来优化一个判别分类器,二者共享参数,并将其用于目标变量 Y 的半监督学习[33,58]。对于未标记样本,可以将 $\boldsymbol{Y}$ 视为一个符合分类分布的离散型潜随机变量,这使得我们能够推断出目标标签 $\boldsymbol{Y}$。图 5.16 为生成模型和推断模型的概率图模型。注意我们使用标签 $\boldsymbol{Y}$ 来约束潜变量 $\boldsymbol{Z}$,根据类别将潜在空间分割为不同的区域,这与 5.3.1 节的 CVAE 类似。图中,部分着色的节点 $\boldsymbol{y}$ 表示被观测到的部分目标标签。假设 $\boldsymbol{y}$ 和 $\boldsymbol{z}$ 在生成过程中是条件独立的,$\boldsymbol{y}$ 捕获数字的语义,而 $\boldsymbol{z}$ 捕获数字的外形和位置。由于 $\boldsymbol{z}$ 未被直接观测到,而且不同的数字有

① 失真度基于自然对数计算,单位:nat。

不同的外形，因此在推断时使用 $\boldsymbol{y}$ 来估计 $\boldsymbol{z}$，这样的关系在图 5.16(b)中用箭头 $\boldsymbol{y} \to \boldsymbol{z}$ 来表示。

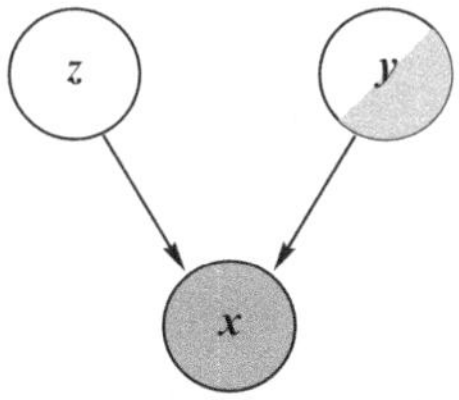

（a）生成模型的概率图模型

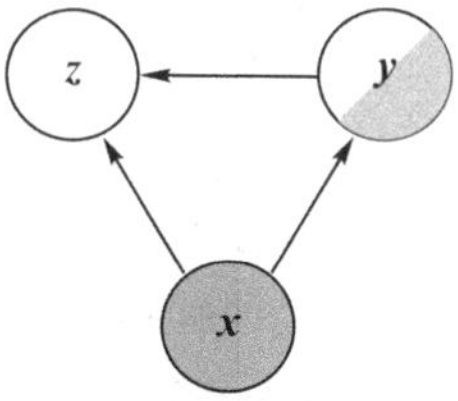

（b）推断模型的概率图模型

图 5.16　半监督 VAE 的概率图模型

图 5.17 为半监督 VAE 模型的计算图。图中 $\boldsymbol{x}^*$ 为原始样本 $\boldsymbol{x}$ 的重建，对于标记样本，执行 5.3.1 节中的 CVAE，其中 $\hat{z}$ 为 $\boldsymbol{z}$ 的估计值。对于未标记样本，$\boldsymbol{y}$ 是未知的，必须先用分类分布 $q(\boldsymbol{y}|\boldsymbol{x})$ 来推断其估计值 $\hat{\boldsymbol{y}}$。虽然每个模块都是由独立的全连接神经网络来实现的，但整个模型的优化是同步进行的。半监督 VAE 模型在 MNIST 数据集上达到了低于 1% 的平均分类误差，且每类仅使用了 10 张标记图像，即仅从 60000 张训练集图像中抽取了 100 张图像[33]。辅助深度生成模型用一个辅助潜变量对上述 VAE 模型进行了拓展（见 5.5.1.2 节），使其成为双层随机模型。这一改进增加了变分近似的灵活性，使其能够更好地拟合复杂的潜在分布，因而改善了变分下界。

P. 141

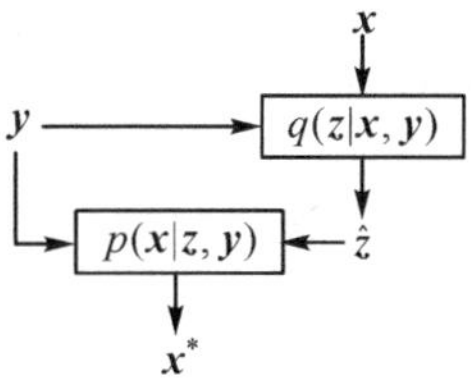

（a）标记样本的计算图

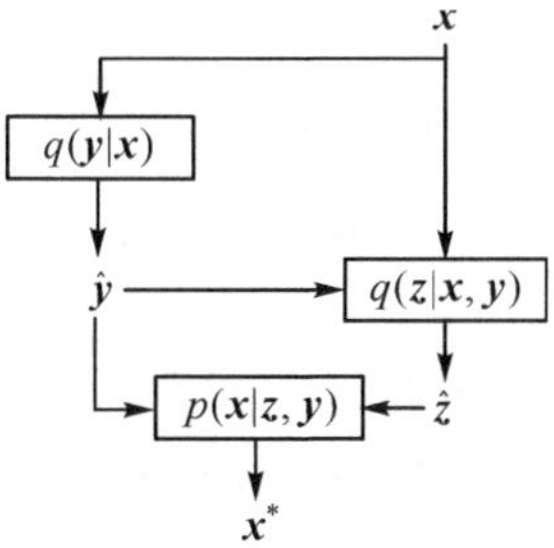

（b）未标记样本的计算图

图 5.17　半监督 VAE 模型的计算图概览

生成模型的概率图模型如图 5.18(a)所示，而推断模型的概率图模型如图 5.18(b)所示。图中部分着色的节点 $\boldsymbol{y}$ 表示被观测到的部分目标标签。与图5.16 相比，这里的不同之处在于加入了随机节点 $\boldsymbol{a}$，使得变分后验更加灵活。

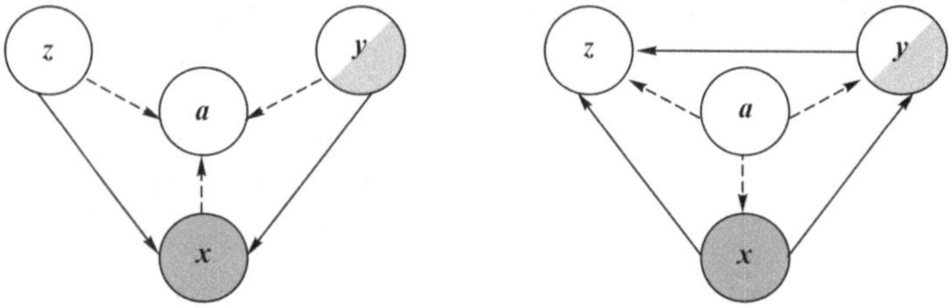

（a）生成模型的概率图模型　　（b）推断模型的概率图模型

图 5.18　辅助深度生成模型中推断模型和生成模型的概率图模型

图 5.19 为用于半监督学习的辅助深度生成模型的高级计算图。与图 5.17 相比，所有差异均来自于辅助变量的引入。辅助变量 $\boldsymbol{A}$（对应随机节点 $\boldsymbol{a}$）同时向 $\boldsymbol{Y}$ 和 $\boldsymbol{Z}$ 编码器（$q(\cdot)$模块）与 $\boldsymbol{X}$ 解码器（$q(\boldsymbol{x}\mid\cdot)$模块）提供输入。与图 5.17 不同，灰线代表由于加入了辅助变量 $\boldsymbol{A}$ 而增加的推断步骤。与图 5.17 类似，$\boldsymbol{x}^*$ 和 $\boldsymbol{a}^*$ 分别代表样本 $\boldsymbol{x}$ 和 $\boldsymbol{a}$ 的重建。虽然模型中只增加了一个变量，但却包含了两个分布，其中 $q(\boldsymbol{a}\mid\boldsymbol{x})$用于推断模型，而 $p(\boldsymbol{a}\mid\boldsymbol{x},\boldsymbol{z},\boldsymbol{y})$则用于生成模型。

P. 142

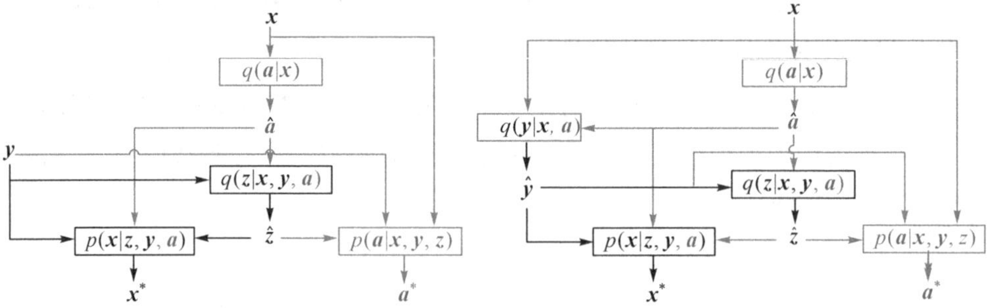

（a）标记样本的计算图　　（b）未标记样本的计算图

图 5.19　辅助深度生成模型的计算图概览

接下来，我们将使用图 5.16 和图 5.17 中不包含辅助变量 $\boldsymbol{A}$ 的模型，在前述的两个图像数据集上进行样本重构实验。

$\boldsymbol{x}_i$ 的生成过程建模同样依赖于被观测到的潜变量 $\boldsymbol{Y}_i$，其中 i 代表潜变量的类别。潜变量 $\boldsymbol{Y}$ 和 $\boldsymbol{Z}$ 是条件独立的，$\boldsymbol{Y}$ 独立地捕获数字的语义信息，而 $\boldsymbol{Z}$ 独立地捕获数字的外形信息。因此，可以得到 $p(\boldsymbol{y}_i,\boldsymbol{z}_i\mid\boldsymbol{x}_i)=p(\boldsymbol{y}_i\mid\boldsymbol{x}_i)p(\boldsymbol{z}_i\mid\boldsymbol{x}_i)$。与 5.3 节类似，我们定义先验 $p(\boldsymbol{y}_i)$为类变量上的 K 分类分布 Π_K，定义先验 $p(\boldsymbol{z})$为一个多元标准高斯分布。随后，样本的整个生成过程被定义为

$$p(\boldsymbol{x}_i,\boldsymbol{z}_i,\boldsymbol{y}_i) = p(\boldsymbol{x}_i \mid \boldsymbol{z}_i,\boldsymbol{y}_i)p(\boldsymbol{z})p(\boldsymbol{y}) \tag{5.30}$$

$$p(\boldsymbol{y}) = \Pi_K(\boldsymbol{y} \mid \boldsymbol{\pi}) \tag{5.31}$$

$$p(\boldsymbol{z}) = N(\boldsymbol{z} \mid \boldsymbol{0}, \boldsymbol{I}) \tag{5.32}$$

$$p(\boldsymbol{x}_i \mid \boldsymbol{z}_i, \boldsymbol{y}_i) = \prod_{j=1}^{|\mathcal{X}|} p_j(\boldsymbol{x}_i \mid \boldsymbol{z}_i, \boldsymbol{y}_i) \tag{5.33}$$

式中，$\boldsymbol{\pi}$ 是一个概率向量；而 $\mathcal{X}$的元素，即维度，符合独立同分布。需要注意，这里我们使用伯努利变量来建模二进制黑白像素值。

优化该模型同时需要观测到的和未观测到的类变量 $\boldsymbol{Y}$ 的边缘似然，即 $p(\boldsymbol{x},\boldsymbol{y})$ 和 $p(\boldsymbol{x})$。如 5.3 节所述，我们不能直接计算这些边缘似然，而是采用 3.2.1 节介绍的变分推断来计算它们，如

$$\begin{aligned}\log p(\boldsymbol{x}_i, \boldsymbol{y}_i) &= \log\int p(\boldsymbol{x}_i, \boldsymbol{y}_i, \boldsymbol{z}_i)\mathrm{d}\boldsymbol{z}_i \\ &\geqslant E_{q(\boldsymbol{z}_i \mid \boldsymbol{x}_i, \boldsymbol{y}_i; \boldsymbol{\psi})}\left[\log \frac{p(\boldsymbol{x}_i, \boldsymbol{y}_i, \boldsymbol{z}_i; \boldsymbol{\Theta})}{q(\boldsymbol{z}_i \mid \boldsymbol{x}_i, \boldsymbol{y}_i; \boldsymbol{\psi})}\right] = L(\boldsymbol{x}_i, \boldsymbol{y}_i)\end{aligned} \tag{5.34}$$

P. 143

$$\begin{aligned}\log p(\boldsymbol{x}_i) &= \log\int p(\boldsymbol{x}_i, \boldsymbol{y}_i, \boldsymbol{z}_i)\mathrm{d}\boldsymbol{z}_i\boldsymbol{y}_i \\ &\geqslant E_{q(\boldsymbol{z}_i, \boldsymbol{y}_i \mid \boldsymbol{x}_i; \boldsymbol{\psi})}\left[\log \frac{p(\boldsymbol{x}_i, \boldsymbol{y}_i, \boldsymbol{z}_i; \boldsymbol{\Theta})}{q(\boldsymbol{z}_i, \boldsymbol{y}_i \mid \boldsymbol{x}_i; \boldsymbol{\psi})}\right] \\ &= E_{q(\boldsymbol{y}_i \mid \boldsymbol{x}_i; \boldsymbol{\psi})}\left[E_{q(\boldsymbol{z}_i \mid \boldsymbol{y}_i, \boldsymbol{x}_i; \boldsymbol{\psi})}\left[\log \frac{p(\boldsymbol{x}_i, \boldsymbol{y}_i, \boldsymbol{z}_i; \boldsymbol{\Theta})}{q(\boldsymbol{z}_i, \boldsymbol{y}_i \mid \boldsymbol{x}_i; \boldsymbol{\psi})}\right]\right] = U(\boldsymbol{x}_i)\end{aligned} \tag{5.35}$$

式中，$q(\cdot)$仍然是由推断模型学习得到的建议分布。式(5.34)和式(5.35)中的不等式的详细推导见 3.2.1.1 节。

对每个潜变量均训练一个辨识模型，并假设它们的分布为

$$q(\boldsymbol{y}_i \mid \boldsymbol{x}_i) = \Pi_K(\boldsymbol{y}_i \mid \boldsymbol{\pi}(\boldsymbol{x}_i; \boldsymbol{\psi})) \tag{5.36}$$

$$q(\boldsymbol{z}_i \mid \boldsymbol{y}_i, \boldsymbol{x}_i) = N(\boldsymbol{z}_i \mid \mu(\boldsymbol{x}_i, \boldsymbol{y}_i; \boldsymbol{\phi}), \mathrm{diag}(\sigma^2(\boldsymbol{y}_i, \boldsymbol{x}_i; \boldsymbol{\phi}))) \tag{5.37}$$

类似于 5.3.1 节的 CVAE 模型，在附加属性 $\boldsymbol{y}_i$ 的条件下，我们能够使用式(5.37)在潜在空间中进行推断。同时，我们还可以通过式(5.36)定义的分布来推断 $\boldsymbol{x}_i$ 的未知标签。

不幸的是，由于 $q(\boldsymbol{y}_i \mid \boldsymbol{x}_i)$的分布是离散的，因此再参数化技巧并不适用。我们可以转而使用梯度分数函数估计器来替代，但这样可能会导致其估计方差较大(见附录 A.1 节)。或者，我们也可以边缘化式(5.37)中的 $\boldsymbol{Y}_i$，并通过 $q(\boldsymbol{z}_i \mid \boldsymbol{y}_i, \boldsymbol{x}_i; \boldsymbol{\psi})$推断出每一个 $\boldsymbol{y}$ 值[58]。然而，由于这种方法需要重复相同的操作 K 次(K 是 K 分类分布中类的数量，定义见式(5.27))，因此对所有类进行快速边缘化的代价十分高昂。另一种办法是使用 Gumbel-softmax 技巧[43-44]，将离散分布 $p(\boldsymbol{y})$和 $q(\boldsymbol{z}_i \mid \boldsymbol{y}_i, \boldsymbol{x}_i; \boldsymbol{\psi})$

松弛为连续近似，使得再次应用路径梯度估计器成为可能。连续松弛使得我们可以用蒙特卡罗抽样来取代边缘化计算。实验表明，当使用1个蒙特卡罗样本时，与边缘化方法相比，该技术在10分类上的整体训练速度提升了2倍，在100分类上的整体训练速度提升了10倍。

然而该模型还存在一个现实问题，即通过式(5.35)直接优化标签预测分布 $q(\boldsymbol{y}_i|\boldsymbol{x}_i)$ 仅限于未标记数据。设 $\mathcal{S}$ 为数据集中所有标记样本的索引集。对于 $i\in\mathcal{S}$，模型无法直接通过学习来推断其所属的类。因此，我们通过添加一个辅助交叉熵项来扩充目标函数，这个新增项可以将 $q(\boldsymbol{y}_i|\boldsymbol{x}_i)$ 约束成为能够根据观测到的类标签 $\boldsymbol{y}_i$ 对样本 $\boldsymbol{x}_i$ 进行正确分类，此时有

$$J=\Big[\sum_{i\in\mathcal{S}}U(\boldsymbol{x}_i)+\sum_{i\notin\mathcal{S}}L(\boldsymbol{x}_i,\boldsymbol{y}_i)\Big]+\alpha\sum_{i\notin\mathcal{S}}\log q(\boldsymbol{y}_i\mid\boldsymbol{x}_i) \tag{5.38}$$

式中，权重 α 是一个超参数，用于平衡交叉熵项的正则化强度。

虽然我们可以任意地将交叉熵项添加到式(5.38)中以强化学习，但我们同样可以通过推断式(5.36)中的参数 $\boldsymbol{\pi}$ 并将其与一个对称狄利克雷先验分布耦合得到 $p(\boldsymbol{\pi})$，而不是定义一个 $\boldsymbol{Y}$ 的分类先验分布，来直接从变分框架中得到同样的结果[58]。

表5.2给出了训练数据标签数量不同时，半监督VAE和监督神经网络分类器在MNIST和Fashion-MNIST数据集上的分类准确率。括号内的数值表示标签数量占原始数据的比例。在实验中，我们按照图5.17构建模型，使用包含2个隐藏层的全连接网络，每个模块均采用ReLU激活函数[59]。分类分布 $\Pi_K(\boldsymbol{y}_i|\boldsymbol{\pi}(\boldsymbol{x}_i;\boldsymbol{\psi}))$ 的Gumbel-softmax近似中引入了一个温度超参数 T_k，将其设置为 $T_k=0.6$。此外，设置潜在空间维度 $d=32$，从近似分布 $q(\boldsymbol{y}_i|\boldsymbol{x}_i)$ 和 $q(\boldsymbol{z}_i|\boldsymbol{y}_i,\boldsymbol{x}_i)$ 中进行 $T=1$ 的蒙特卡罗抽样，正则化权值为 $\alpha=25$。优化过程使用Adam优化器，并设置学习速率 $l_r=0.003$，批处理规模 $b_s=128$，$e_{pc}=40$ epoch进行训练。

表5.2 半监督VAE和监督神经网络分类器的分类准确率

P. 144

标签数量	Fashion-MNIST		MNIST	
	半监督模型/%	监督模型/%	半监督模型/%	监督模型/%
6000(10%)	79.2	77.1	93.6	91.4
3000(5%)	77.9	71.6	91.4	88.0
600(1%)	72.0	56.4	86.1	44.6
300(0.5%)	70.9	46.7	81.7	30.1
100(0.17%)	63.5	21.3	68.0	20.4

可以看出，生成模型可以利用未标记数据中的潜在信息，并获得与标记数据类似的性能。这使得开发的成本和周期都大大降低，因为在工商业的任何机器学习项目中，数据清洗和标注都是迄今为止最困难且成本最高的部分。与主动学习（系 P. 145
统向用户展示了应该标记哪些样本才能获得最大的性能提升）相结合，半监督学习是该领域很有前途的一种新方法，在一些方面已经取得了成功应用。

5.8　小结

本章主要讨论了如何利用变分推断进行潜变量建模从而得到 VAE 及其拓展模型，以及这些模型之间的相互关系。此外，我们还说明了它们存在的问题，主要包括后验失效、后验坍缩、离散潜变量等，以及缓解这些问题的不同方法。这其中的许多问题都是当前的研究热点。

在实验中，我们说明了 VAE 及其拓展模型的生成和推断能力，以及证据下界和潜在空间的特性。最后，我们还证实了生成模型在半监督学习中具有令人难以置信的潜力，这种学习方法只需要少量的标记样本，便可以充分释放未标注数据的信息。

还有一些生成模型算法，其中最流行的是生成对抗网络[60]，其训练过程也可以从概率的视角进行解释。最近，对于纯粹基于流的模型因其在推断和生成任务上表现出的高效性及训练过程的简洁明了，也受到了学术界的广泛关注[37,57]。

通览全书，我们可以看到贝叶斯方法在概率建模中的价值，以及如何通过对其进行边缘化和施加限制，来合理地进行不确定性推断、预测和生成新数据。此外，贝叶斯方法不仅可以进行模型拟合和比较，而且在所处理数据不充足的条件下具有额外优势。

贝叶斯深度学习已成为当前机器学习会议的热门话题，其应用领域日益凸显： P. 146
域外检测、对抗鲁棒性、复合探索、音频合成和图像超分辨率处理等。从本书撰写到出版的过程中，又出现了很多新奇有趣的方法和应用，因此追踪学术界的全部进展成为不可能的任务。尽管如此，我们仍然希望本书能够激励读者坚定自信，将这个领域的研究继续深入下去。对于统计学家和机器学习实践者们来说，这是一个激动人心的时代，因为创新的浪潮正扑面而来。

参考文献

[1]Kalchbrenner N, van den Oord A, Simonyan K, et al. Video pixel networks [C]//Proceedings of the International Conference on Machine Learning. Sydney, NSW, Australia, 2017,70:1771 - 1779.

[2]Lee A X, Zhang R, Ebert F, et al. Stochastic adversarial video prediction[J]. arXiv, 2018, arXiv:1804.01523.

[3]Houthooft R, Chen X, Duan Y, et al. VIME: Variational information maximizing exploration[C]//Advances in Neural Information Processing Systems. Barcelona, Spain, 2016:1109 - 1117.

[4]Ha D, Schmidhuber J. Recurrent world models facilitate policy evolution [C]//Advances in Neural Information Processing Systems. Montreal, Canada, 2018:2450 - 2462.

[5]Eslami S A, Jimenez R D, Besse F, et al. Neural scene representation and rendering[J]. Science, 2018,360(6394):1204 - 1210.

[6]Eslami S A, Heess N, Weber T, et al. Attend, infer, repeat: Fast scene understanding with generative models[J]. Advances in neural information processing systems, 2016: 3225 - 3233.

[7]Ledig C, Theis L, Huszar F, et al. Photo-realistic single image super-resolution using a generative adversarial network[C]//Proceedings of the Conference on Computer Vision and Pattern Recognition. Honolulu, USA: IEEE, 2017.

[8]Tschannen M, Agustsson E, Lucic M. Deep generative models for distribution-preserving lossy compression[C]//Advances in Neural Information Processing Systems. Montreal, Canada, 2018:5929 - 5940.

[9]Chen J, Chen J, Chao H, et al. Image blind denoising with generative adversarial network based noise modeling[C]//Proceedings of the conference on computer vision and pattern recognition. Salt Lake City, USA: IEEE, 2018.

[10]Van den Oord A, Dieleman S, Zen H, et al. WaveNet: A generative model for raw audio[C]//ISCA Speech Synthesis Workshop. Sunnyvale, USA: ISCA, 2016:125 - 135.

P. 147 [11]Gomez-Bombarelli R, Wei J N, Duvenaud D, et al. Automatic chemical design using a data-driven continuous representation of molecules[J]. ACS Central Sci, 2018,4(2):268 - 276.

[12] Riesselman A J, Ingraham J B, Marks D S. Deep generative models of genetic variation capture the effects of mutations [J]. Nature Methods, 2018,15:816 - 822.

[13] Regier J, Miller A, McAuliffe J, et al. Celeste: Variational inference for a generative model of astronomical images[C]//Proceedings of the International Conference on Machine Learning. Lille, France, 2015,37:2095 - 2103.

[14] Theis L, Oord A, Bethge M. A note on the evaluation of generative models [C]//Proceedings of the International Conference on Learning Representations. San Juan, Puerto Rico, 2016.

[15] Salimans T, Goodfellow I, Zaremba W, et al. Improved techniques for training GANs[C]//Advances in Neural Information Processing Systems. Barcelona, Spain, 2016:2234 - 2242.

[16] Heusel M, Ramsauer H, Unterthiner T, et al. GANs trained by a two time-scale update rule converge to a local Nash equilibrium [C]//Advances in Neural Information Processing Systems. Long Beach, USA, 2017:6626 - 6637.

[17] Rosca M, Lakshminarayanan B, Warde-Farley D, et al. Variational approaches for auto-encoding generative adversarial networks [J]. arXiv, 2017, arXiv:1706.04987.

[18] Paszke A, Gross S, Massa F, et al. PyTorch: An imperative style, high-performance deep learning library [C]//Advances in Neural Information Processing Systems. Vancouver, Canada, 2019:8024 - 8035.

[19] Migon H S, Gamerman D, Louzada F. Statistical inference: An integrated approach[M]. Boca Raton, USA: CRC Press, 2014.

[20] Beal M J, Ghahramani Z. The variational Bayesian EM algorithm for incomplete data: with application to scoring graphical model structures [C]// Bayesian Statistics 7: the Seventh Valencia International Meeting. Tenerife, Spain, 2003: 453 - 464.

[21] Kingma D P, Welling M. Auto-encoding variational Bayes[C]//Proceedings of the International Conference on Learning Representations. Banff, Canada, 2014.

[22]Alemi A, Fischer I, Dillon J, et al. Deep variational information bottleneck [C]//Proceedings of the international conference on learning representations. Toulon, France, 2017.

[23]Tishby N, Pereira F C, Bialek W. The information bottleneck method[J]. arXiv, 2000, arXiv:physics/0004057.

[24]Alemi A, Poole B, Fischer I, et al. Fixing a broken ELBO[C]//Proceedings of the International Conference on Machine Learning. Stockholm, Sweden, 2018, 80: 159 - 168.

[25] Blundell C, Cornebise J, Kavukcuoglu K, et al. Weight uncertainty in neural networks[C]//Proceedings of the International Conference on Machine Learning. Lille, France, 2015, 37: 1613 - 1622.

[26]Sohn K, Lee H, Yan X. Learning structured output representation using deep conditional generative models[C]//Advances in Neural Information Processing Systems. Montreal, Canada, 2015:3483 - 3491.

[27]Higgins I, Matthey L, Pal A, et al. B-VAE: Learning basic visual concepts with a constrained variational framework[C]//Proceedings of the International Conference on Learning Representations. Toulon, France, 2017.

[28]Burgess C P, Higgins I, Pal A, et al. Understanding disentangling in β-VAE[J]. arXiv e-prints, 2018, 1804.03599.

P. 148 [29]Burda Y, Grosse R, Salakhutdinov R. Importance weighted autoencoders [C]//Proceedings of the International Conference on Learning Representations. San Juan, Puerto Rico, 2016.

[30] Nowozin S. Debiasing evidence approximations: On importance-weighted autoencoders and jackknife variational inference[C]//Proceedings of the International Conference on Learning Representations. Vancouver, Canada, 2018.

[31]Kingma D P, Welling M. An introduction to variational autoencoders[J]. Found Trends Mach Learn, 2019,12(4):307 - 392.

[32]Rainforth T, Kosiorek A, Le T A, et al. Tighter variational bounds are not necessarily better[C]//Proceedings of the International Conference on Machine Learning. Stockholm, Sweden, 2018,80:4277 - 4285.

[33]Maalge L, Sonderby C K, Sonderby S K, et al. Auxiliary deep generative models[C]//Proceedings of the International Conference on Machine Learn-

ing. New York, USA, 2016,48:1445－1453.

[34]Ranganath R, Tran D, Blei D. Hierarchical variational models[C]//Proceedings of the International Conference on Machine Learning. New York, USA, 2016,48:324－333.

[35]Rezende D, Mohamed S. Variational inference with normalizing flows[C]//Proceedings of the International Conference on Machine Learning. Lille, France, 2015,37:1530－1538.

[36]Kingma D P, Salimans T, Jozefowicz R, et al. Improved variational inference with inverse autoregressive flow[C]//Advances in Neural Information Processing Systems. Barcelona, Spain, 2016:4743－4751.

[37]Dinh L, Sohl-Dickstein J, Bengio S. Density estimation using real NVP [C]//Proceedings of the International Conference on Learning Representations. Toulon, France, 2017.

[38]Papamakarios G, Pavlakou T, Murray I. Masked autoregressive flow for density estimation [C]//Advances in Neural Information Processing Systems. Long Beach, USA, 2017:2338－2347.

[39]He J, Spokoyny D, Neubig G, et al. Lagging inference networks and posterior collapse in variational autoencoders[C]//Proceedings of the International Conference on Learning Representations. New Orleans, USA, 2019.

[40]Sonderby C K, Raiko T, Maalge L, et al. Ladder variational autoencoders [C]//Advances in Neural Information Processing Systems. Barcelona, Spain, 2016:3738－3746.

[41]Mnih A, Gregor K. Neural variational inference and learning in belief networks[C]//Proceedings of the International Conference on Machine Learning. Beijing, China, 2014,32:1791－1799.

[42]Mnih A, Rezende D. Variational inference for Monte Carlo objectives[C]//Proceedings of the International Conference on Machine Learning. New York, USA, 2016,48:2188－2196.

[43]Jang E, Gu S, Poole B. Categorical reparameterization with Gumbel-softmax [C]//Proceedings of the International Conference on Learning Representations. Toulon, France, 2017.

[44]Maddison C, Mnih A, Teh Y W. The concrete distribution: A continuous

relaxation of discrete random variables[C]//Proceedings of the International Conference on Learning Representations. Toulon, France, 2017.

[45]Maddison C J, Tarlow D, Minka T. A^* sampling[C]//Advances in Neural Information Processing Systems. Montreal, Canada, 2014:3086 - 3094.

[46]Van den Oord A, Vinyals O, kavukcuoglu k. Neural discrete representation learning[C]//Advances in Neural Information Processing Systems. Long Beach, USA, 2017:6306 - 6315.

[47]Sonderby C K, Poole B, Mnih A. Continuous relaxation training of discrete latent variable image models[C]//Neural Information Processing Systems Workshop on Bayesian Deep Learning. Long Beach, USA, 2017.

[48]LeCun Y, Bottou L, Bengio Y, et al. Gradient-based learning applied to document recognition[J]. Proc IEEE, 1998,86(11):2278 - 2324.

[49]McInnes L, Healy J, Melville J. UMAP: Uniform manifold approximation and projection for dimension reduction[J]. arXiv, 2018, arXiv:1802.03426.

[50]Maaten L, Hinton G. Visualizing data using t-SNE[J]. J Mach Learn Res, 2008,9:2579 - 2605.

P. 149 [51]Breiman L. Random forests[J]. Machine Learning, 2001, 45(1): 5 - 32. https://doi.org/10.1023/A:1010933404324.

[52]Scholkopf B, Sung K K, Burges C J, et al. Comparing support vector machines with Gaussian kernels to radial basis function classifiers[J]. IEEE Trans Signal Process, 1997,45(11):2758 - 2765.

[53]Wan L, Zeiler M, Zhang S, et al. Regularization of neural networks using dropconnect[C]//Proceedings of the International Conference on Machine Learning. Atlanta, USA, 2013,28:1058 - 1066.

[54]Xiao H, Rasul K, Vollgraf R. Fashion-MNIST: A novel image dataset for benchmarking machine learning algorithms [J]. arXiv, 2017, arXiv: 1708.07747.

[55]Kingma D P, Ba J. Adam: A method for stochastic optimization[C]//Proceedings of the International Conference on Learning Representations. San-Diego, USA, 2015.

[56]Van den Berg R, Hasenclever L, Tomczak J, et al. Sylvester normalizing flow for variational inference[C]//Proceedings of the International Conference on

Learning Representations. Monterey, USA, 2018.

[57] Kingma D P, Dhariwal P. Glow: Generative flow with invertible 1×1 convolutions[C]//Advances in Neural Information Processing Systems. Montreal, Canada, 2018:10215 - 10224.

[58] Kingma D P, Mohamed S, Jimenez Rezende D, et al. Semi - supervised learning with deep generative models[C]//Advances in Neural Information Processing Systems. Montreal, Canada, 2014:3581 - 3589.

[59] Nair V, Hinton G E. Rectified linear units improve restricted Boltzmann machines[C]//Proceedings of the International Conference on Machine Learning. Haifa, Israel, 2010:807 - 814.

[60] Goodfellow I, Pouget-Abadie J, Mirza M, et al. Generative adversarial nets [C]//Advances in Neural Information Processing Systems. Montreal, Canada, 2014: 2672 - 2680.

附录A

支撑材料

附录将展开讨论一些前文仅进行了简单介绍、但对于全面理解本书却十分重要的话题。具体来说，我们首先介绍得分函数和路径梯度估计器，它们对任何基于梯度的方法都是至关重要的。随后我们讨论了自然梯度的功用并给出一个粗略的数学推导。此外，附录中涵盖的详细推导还包括： P. 151

- 坐标上升变分推断(CAVI) 算法，见 3.2.1.4 节。
- 广义高斯-牛顿(GGN)近似，用于推导贝叶斯神经网络中的实用假定密度滤波算法[1]和 Vadam[2]，见 4.3 节和 4.6 节。
- 邦尼特(Bonnet)定理与普赖斯(Price)定理，即高斯梯度恒等式，同样适用于 Practical ADF 和 Vadam。

A.1 梯度估计器

在推断问题和其他领域中，我们经常需要计算$\nabla_{\phi} E_{q(z;\phi)}[f(z;\theta)]$，它表示函数$f(z;\theta)$的期望关于$\phi$的梯度，其中$f(z;\theta)$的分布为$q(z;\varphi)$，$\theta$和$\phi$分别为它们的参数。通常，这个梯度无法直接计算，因为期望很难求得。因此，我们假设该式满足一定的条件并对其进行重写，进而通过蒙特卡罗积分近似得到合理的实用估计器。

如果$q(z;\phi)$已知，并且它是ϕ的连续函数(尽管关于z不一定是连续的)，我们可以通过下式推导出增强函数估计器或得分函数估计器[3]：

P. 152

$$
\begin{aligned}
\nabla_{\phi} E_{q(z;\phi)}[f(z;\theta)] &= \nabla_{\phi}\left[\int q(z;\phi) f(z;\theta)\mathrm{d}z\right] \\
&= \int \nabla_{\phi}[q(z;\phi)] f(z;\theta)\mathrm{d}z \\
&= \int q(z;\phi)\ \nabla_{\phi}[\log q(z;\phi)] f(z;\theta)\mathrm{d}z \\
&= E_{q(z;\phi)}[f(z;\theta)\ \nabla_{\phi}[\log q(z;\phi)]]
\end{aligned} \tag{A.1}
$$

注意,第三个等式来源于对数导数的分解:

$$
\frac{\partial \log g(\xi)}{\partial \xi} = \frac{1}{g(\xi)} \frac{\partial g(\xi)}{\partial \xi} \tag{A.2}
$$

此外,我们没有对 $f(z;\theta)$ 做任何假设,它可以是不可微的,甚至是离散的。

如果我们将随机变量 $Z \sim q(z;\phi)$ 表示为一个可逆的、确定性的、可微分变换 $g(\cdot;\phi)$,该变换作用于一个基础随机变量 $\varepsilon \sim p(\varepsilon)$,就可以得到路径梯度估计器[4]:

$$
\begin{aligned}
\nabla_{\phi} E_{q(z;\phi)}[f(z;\theta)] &= \nabla_{\phi}\left[\int p(\varepsilon) f(g(\varepsilon;\phi);\theta)\mathrm{d}\varepsilon\right] \\
&= \nabla_{\phi}[E_{p(\varepsilon)}[f(g(\varepsilon;\phi);\theta]] \\
&= E_{p(\varepsilon)}[\nabla_{\phi}[f(g(\varepsilon;\phi);\theta]]
\end{aligned} \tag{A.3}
$$

这种方法不仅要求分布 $q(z;\phi)$ 是可再参数化的,还要求 $f(z;\theta)$ 已知且对于所有的 θ 值在 z 上是连续的,该方法则被称为再参数化技巧,文献[5]对其进行了应用推广。

尽管两个估计器的输出都是无偏估计,但对数函数的求导操作通常会导致得分函数估计器具有较大的方差,因此我们可以认为得分函数估计器只计算了关于 q 的导数,而不包含关于目标函数 $f(z;\theta)$ 的任何信息。

A.2 CAVI 的更新公式

在 3.2.1 节的 VI 算法中,我们没有使用变分推导,而是直接推导了近似分布 $q(\boldsymbol{z}|\boldsymbol{x})$ 的各个最优因子的更新公式。

这里我们重写式(3.16) 定义的因子近似分布和证据下界的分解公式:

$$
q(\boldsymbol{z}|\boldsymbol{x}) = \prod_{i=1}^{M} q_i(\boldsymbol{z}_{S_i}|\boldsymbol{x}) \tag{A.4}
$$

P. 153

$$
B_{\mathrm{ELBO}}(q) = E_q[\log p(\boldsymbol{x},\boldsymbol{z})] - E_q[\log q(\boldsymbol{z}|\boldsymbol{x})] \tag{A.5}
$$

将式(A.4)代入式(A.5),并提取关于其中 $q_i(\boldsymbol{z}_{S_i}|\boldsymbol{x})$ 的依赖关系,再将 $q_i(\boldsymbol{z}_{S_i}|\boldsymbol{x})$ 简

记为符号 q_i，可得

$$
\begin{aligned}
B_{\text{ELBO}}(q) &= \int\Big(\prod_i q_i\Big)\log p(\boldsymbol{x},\boldsymbol{z})\mathrm{d}\boldsymbol{z} - \int\Big(\prod_k q_k\Big)\log\prod_l q_l\mathrm{d}\boldsymbol{z} \\
&= \int q_j\Big[\int\log p(\boldsymbol{x},\boldsymbol{z})\prod_{-j} q_i\mathrm{d}z_i\Big]\mathrm{d}z_j - \sum_k\int\prod_l q_l\log q_k\mathrm{d}\boldsymbol{z} \\
&= \int q_j E_{-j}[\log p(\boldsymbol{x},\boldsymbol{z})]\mathrm{d}z_j - \sum_k\int q_k\log q_k\Big[\prod_{l\neq k}\int q_l\mathrm{d}z_l\Big]\mathrm{d}z_k
\end{aligned}
\tag{A.6}
$$

式中，第一项中的符号 $E_{-j}[\cdot]$ 表示除 $i=j$ 外，所有变量 $\boldsymbol{Z}_{S_i}$ 关于分布 q 的期望。

因为第二项中的每个 q_l 都是一个独立因子，所以对其进行归一化变换，使它们的和为 1。此外，我们定义了一个新的分布 $\widetilde{p}_{-j}$，满足 $\log\widetilde{p}_{-j} = E_{-j}[\log p(\boldsymbol{x},\boldsymbol{z})]+c$，式中常数项 c 对归一化进行了补偿。此时有

$$
\begin{aligned}
B_{\text{ELBO}}(q) &= \int q_j\log\widetilde{p}_{-j}\mathrm{d}z_j - \sum_i\int q_k\log q_k\mathrm{d}z_k + c \\
&= \int q_j\log\widetilde{p}_{-j}\mathrm{d}z_j - \int q_j\log q_j\mathrm{d}z_j - \sum_{k\neq j}\int q_k\log q_k\mathrm{d}z_k + c \\
&= \int q_j\log\Big(\frac{\widetilde{p}_{-j}}{q_j}\Big)\mathrm{d}z_j + c \\
&= -D_{\text{KL}}(q_j\parallel\widetilde{p}_{-j}) + c
\end{aligned}
\tag{A.7}
$$

保持所有的 q_{-j} 固定不变，同时最大化关于 q_j 的证据下界。由于 KL 项为零时式(A.7)的值最大，因此通过设置 $q_j=p_{-j}$ 来寻找最优的 q^*。

$$
q_j^*(\boldsymbol{z}_{S_j}|\boldsymbol{x}) = \widetilde{p}_{-j}(\boldsymbol{x},\boldsymbol{z}_{S_j}) \tag{A.8}
$$

$$
\log q_j^*(\boldsymbol{z}_{S_j}|\boldsymbol{x}) = E_{-j}[\log p(\boldsymbol{x},\boldsymbol{z})]+c \tag{A.9}
$$

$$
q_j^*(\boldsymbol{z}_{S_j}|\boldsymbol{x}) \propto \exp\{E_{-j}[\log p(\boldsymbol{x},\boldsymbol{z})]\} \tag{A.10}
$$

这 M 个方程(式(A.10))(每个方程对应一个潜变量集合 S_j)是相互耦合的。 P. 154
因此，通过它们求解目标函数需要一种迭代方法：在每一步迭代中，都要根据式(A.10)的估计值来修正一个因子 q_j，并如此循环。

A.3 广义高斯-牛顿近似

高斯-牛顿法是一种求解非线性最小二乘问题的经典方法，它用向量函数 $f(\cdot)$的雅可比矩阵 $\boldsymbol{J}_f$ 来近似其海塞(Hessian)矩阵，当目标函数不是平方和，而是任意标量函数时，例如负对数时，执行

$$\begin{aligned}\frac{\partial^2 l(f(\boldsymbol{x}))}{\partial x_j \partial x_i} &= \frac{\partial}{\partial x_j}\left(\frac{\partial l(f(\boldsymbol{x}))}{\partial x_i}\right) \\ &= \frac{\partial}{\partial x_j}\left(\sum_{k=0}^{K} \frac{\partial l}{\partial f_k(\boldsymbol{x})} \frac{\partial f_k(\boldsymbol{x})}{\partial x_i}\right) \\ &= \sum_{k=0}^{K} \frac{\partial}{\partial x_j}\left(\frac{\partial l}{\partial f_k(\boldsymbol{x})}\right)\frac{\partial f_k(\boldsymbol{x})}{\partial x_i} + \sum_{k=0}^{K} \frac{\partial l}{\partial f_k(\boldsymbol{x})} \frac{\partial^2 f_k(\boldsymbol{x})}{\partial x_j \partial x_i} \\ &= \sum_{k=0}^{K}\sum_{m=0}^{K}\left(\frac{\partial^2 l}{\partial f_m(\boldsymbol{x}) f_k(\boldsymbol{x})}\right)\frac{\partial f_m(\boldsymbol{x})}{\partial x_j} \frac{\partial f_k(\boldsymbol{x})}{\partial x_i} + \sum_{k=0}^{K} \frac{\partial l}{\partial f_k(\boldsymbol{x})} \frac{\partial^2 f_k(\boldsymbol{x})}{\partial x_j \partial x_i}\end{aligned} \tag{A.11}$$

式(A.11)中的第一项是由 $f_k(\boldsymbol{x})$的变化导致的海塞矩阵的分量，而第二项是由 $\boldsymbol{x}$ 的变化导致的。在损失函数的最小值附近，第二项的影响可以忽略不计。因此有

$$\frac{\partial^2 l(f(\boldsymbol{x}))}{\partial x_j \partial x_i} \approx \sum_{k=0}^{K}\sum_{m=0}^{K}\left(\frac{\partial^2 l}{\partial f_m(\boldsymbol{x}) \partial f_k(\boldsymbol{x})}\right)\frac{\partial f_m(\boldsymbol{x})}{\partial x_j} \frac{\partial f_k(\boldsymbol{x})}{\partial x_i} \triangleq G_{ij} \tag{A.12}$$

当式(A.11)中的$\partial l/\partial f_k(\boldsymbol{x})$为零时，损失 $l=0$，此时得到的近似就是我们所说的广义高斯-牛顿近似。然而，随着 l 的增大，近似值会变得越来越差。

将广义高斯-牛顿近似写为矩阵形式

$$\boldsymbol{G} = J_f(\boldsymbol{x})^{\mathrm{T}} H_l(f(\boldsymbol{x})) J_f(\boldsymbol{x}) \tag{A.13}$$

P. 155 该矩阵总是半正定的。在 $l(f(\boldsymbol{x})) = -\log f(\boldsymbol{x})$ 的特殊情况下，它变成

$$G = J_f^{\mathrm{T}}(\boldsymbol{x}) \frac{1}{f(\boldsymbol{x})^2} J_f(\boldsymbol{x}) = \nabla_x f(\boldsymbol{x})\, \nabla_x^{\mathrm{T}} f(\boldsymbol{x}) \tag{A.14}$$

该方法的缺点是无法捕捉参数空间不同维度之间的二阶相互作用，这意味着可能会丢失曲率信息[6]。

A.4 自然梯度与费希尔信息矩阵

下文介绍自然梯度的功用，并解释它在优化过程中是如何出现的。推导过程主要参考文献[7]。为简洁起见，我们使用符号 p_ψ 代替常用的 $p(\cdot;\boldsymbol{\psi})$来表示一个由参数 $\boldsymbol{\psi}$ 确定的分布族 p。

理想情况下，我们希望梯度下降法的更新速度在训练过程中是恒定的。然而，它在每次迭代时都可能发生变化，减慢甚至是妨碍优化。无论对其大小进行裁减还是修正，都无法明确地限制由此引起的模型变化。此外，梯度取决于坐标系，因此对其范数的约束等同于不同坐标系中的不同约束。对于某些分布，参数的微小变化就会对模型所代表的概率产生很大影响，而对于其他分布，情况则恰恰相反。不管分布的曲率如何，如果我们希望分布沿着它的流形匀速移动，就必须测量分布

空间中的距离并限制它。

假设要使关于分布 $p_{\psi}(z)$ 的损失函数 L 最小，那么在每次迭代时，我们希望找到：

$$\underset{\delta\boldsymbol{\psi}}{\operatorname{argmin}}\, L(\boldsymbol{\psi}+\delta\boldsymbol{\psi}) \tag{A.15}$$

$$\text{s. t. } D_{\mathrm{KL}}(p_{\boldsymbol{\psi}} \parallel p_{\boldsymbol{\psi}+\delta\boldsymbol{\psi}}) = c \tag{A.16}$$

式中，c 是常数项。KL 散度的约束保证了分布空间的变化幅度是恒定的。KL 散度的非对称性决定了它并不是一个合适的度量，但是当 $\delta\boldsymbol{\psi}\rightarrow 0$ 时，KL 散度是渐近对称的，这使得我们能够使用它。对于足够小的 $\delta\boldsymbol{\psi}$，我们可以通过二阶泰勒展开式来近似 $\boldsymbol{\psi}$ 附近的 KL 散度，即

$$\begin{aligned} D_{\mathrm{KL}}(p_{\boldsymbol{\psi}} \parallel p_{\boldsymbol{\psi}+\delta\boldsymbol{\psi}}) \approx D_{\mathrm{KL}}(p_{\boldsymbol{\psi}} \parallel p_{\boldsymbol{\psi}}) + \delta\boldsymbol{\psi}\, \nabla_{\boldsymbol{\psi}'} D_{\mathrm{KL}}(p_{\boldsymbol{\psi}} \parallel p_{\boldsymbol{\psi}'})\,|_{\boldsymbol{\psi}'=\boldsymbol{\psi}} + \\ \frac{1}{2}\delta\boldsymbol{\psi}^{\mathrm{T}} H(\boldsymbol{\psi}')\delta\boldsymbol{\psi}\,|_{\boldsymbol{\psi}'=\boldsymbol{\psi}} \end{aligned} \tag{A.17}$$

式中，$\boldsymbol{H}(\boldsymbol{\psi}')$ 是在 $\boldsymbol{\psi}'$ 处计算的 D_{KL} 的海塞矩阵的简写，其表达式为 P. 156

$$H(\boldsymbol{\psi}') = \nabla^2_{\boldsymbol{\psi}'} D_{\mathrm{KL}}(p_{\boldsymbol{\psi}} \parallel p_{\boldsymbol{\psi}'}) = -\nabla^2_{\boldsymbol{\psi}'} E[\log p_{\boldsymbol{\psi}'}] \tag{A.18}$$

当 $\boldsymbol{\psi}'=\boldsymbol{\psi}$ 时，KL 散度最小，因此式(A.17)的右边的第一项和第二项都消失了，只剩下了二阶项。此时的海塞矩阵为

$$\begin{aligned} \boldsymbol{H}(\boldsymbol{\psi}) &= -\nabla^2_{\boldsymbol{\psi}} E[\log p_{\boldsymbol{\psi}}] \\ &= E[-\nabla^2_{\boldsymbol{\psi}} \log p_{\boldsymbol{\psi}}] \\ &= E_{p_{\boldsymbol{\psi}}}\left[-\nabla_{\boldsymbol{\psi}}\left(\frac{1}{p_{\boldsymbol{\psi}}}\nabla_{\boldsymbol{\psi}} p^{\mathrm{T}}_{\boldsymbol{\psi}}\right)\right] \\ &= E_{p_{\boldsymbol{\psi}}}\left[\frac{1}{p^2_{\boldsymbol{\psi}}}\nabla_{\boldsymbol{\psi}} p_{\boldsymbol{\psi}}\, \nabla_{\boldsymbol{\psi}} p^{\mathrm{T}}_{\boldsymbol{\psi}}\right] - E_{p_{\boldsymbol{\psi}}}\left[\frac{1}{p_{\boldsymbol{\psi}}}\nabla^2_{\boldsymbol{\psi}} p_{\boldsymbol{\psi}}\right] \\ &= E[\nabla_{\boldsymbol{\psi}} \log p_{\boldsymbol{\psi}}\, \nabla_{\boldsymbol{\psi}} \log p^{\mathrm{T}}_{\boldsymbol{\psi}}] - \int \nabla^2_{\boldsymbol{\psi}} p_{\boldsymbol{\psi}}\, \mathrm{d}z \\ &= E[\nabla_{\boldsymbol{\psi}} \log p_{\boldsymbol{\psi}}\, \nabla_{\boldsymbol{\psi}} \log p^{\mathrm{T}}_{\boldsymbol{\psi}}] \\ &= E[\nabla_{\boldsymbol{\psi}} \log p_{\boldsymbol{\psi}}\, \nabla_{\boldsymbol{\psi}} \log p^{\mathrm{T}}_{\boldsymbol{\psi}}] - E\,\underbrace{[\nabla_{\boldsymbol{\psi}} \log p_{\boldsymbol{\psi}}]}_{0} E[\nabla_{\boldsymbol{\psi}} \log p^{\mathrm{T}}_{\boldsymbol{\psi}}] \\ &= \mathrm{Cov}(\nabla_{\boldsymbol{\psi}} \log p_{\boldsymbol{\psi}}, \nabla_{\boldsymbol{\psi}} \log p_{\boldsymbol{\psi}}) \\ &= \boldsymbol{I}(\boldsymbol{\psi}) \end{aligned} \tag{A.19}$$

式中，$\boldsymbol{I}(\boldsymbol{\psi})$ 是费希尔信息矩阵，得到的最后一个等式正是来自其定义，具体参见 2.3.1 节。

从式(A.19)可以看出，费希尔信息矩阵等于对数似然函数的海塞矩阵期望值的负值，因此 $\boldsymbol{I}(\boldsymbol{\psi})$ 描述了该流形的曲率信息。

依据式(A.17)和式(A.19)，可以写出式(A.15)的拉格朗日形式：

$$\underset{\delta\boldsymbol{\psi}}{\operatorname{argmin}}\, L(\boldsymbol{\psi}+\delta\boldsymbol{\psi})+\lambda\left(\frac{1}{2}\delta\boldsymbol{\psi}^{\mathrm{T}}\boldsymbol{I}(\boldsymbol{\psi})\right)\delta\boldsymbol{\psi}-c \tag{A.20}$$

进一步假设在 $\boldsymbol{\psi}$ 附近对 $L(\boldsymbol{\psi}+\delta\boldsymbol{\psi})$ 的线性近似是成立的，可得

P. 157

$$\underset{\delta\boldsymbol{\psi}}{\operatorname{argmin}}\, L(\boldsymbol{\psi})+\nabla_{\boldsymbol{\psi}}L(\boldsymbol{\psi})^{\mathrm{T}}\delta\boldsymbol{\psi}+\lambda\left(\frac{1}{2}\delta\boldsymbol{\psi}^{\mathrm{T}}\boldsymbol{I}(\boldsymbol{\psi})\delta\boldsymbol{\psi}-c\right) \tag{A.21}$$

最后，设置关于 $\delta\boldsymbol{\psi}$ 的梯度为零来求解优化问题，可得

$$0=\nabla_{\boldsymbol{\psi}}L(\boldsymbol{\psi})+\lambda\boldsymbol{I}(\boldsymbol{\psi})\delta\boldsymbol{\psi}\Rightarrow\delta\boldsymbol{\psi}=-k\,\widetilde{\nabla}_{\boldsymbol{\psi}}L(\boldsymbol{\psi}) \tag{A.22}$$

式中，$\widetilde{\nabla}_{\boldsymbol{\psi}}L(\boldsymbol{\psi})\equiv\boldsymbol{I}^{-1}(\boldsymbol{\psi})\nabla_{\boldsymbol{\psi}}L(\boldsymbol{\psi})$ 被定义为自然梯度；$k=1/\lambda$ 为其步长。

由此我们得到了一种新的算法，该算法不仅对一对一的再参数化(在费希尔信息矩阵中)具有鲁棒性，而且是沿着流形的最速下降方向以恒定的速度移动[8]。

A.5 高斯梯度恒等式

下文将证明式(4.9)中的 Bonnet 定理和式(4.10)中的 Price 定理。在此之前，我们先推导两个对证明有用的结论。

首先，给定一个多元高斯分布 $N(\boldsymbol{\xi}\mid\boldsymbol{\mu},\boldsymbol{C})$，其中 $\dim(\boldsymbol{\xi})=d$，则其关于 μ_i 的梯度可以写为

$$\begin{aligned}\nabla_{\mu_i}N(\boldsymbol{\xi}\mid\boldsymbol{\mu},\boldsymbol{C})&=\frac{\partial\left[(2\pi)^{-\frac{d}{2}}\mid\boldsymbol{C}\mid^{-\frac{1}{2}}\mathrm{e}^{-\frac{1}{2}(\boldsymbol{\xi}-\boldsymbol{\mu})^{\mathrm{T}}\boldsymbol{C}^{-1}(\boldsymbol{\xi}-\boldsymbol{\mu})}\right]}{\partial\mu_i}\\&=(2\pi)^{-\frac{d}{2}}\mid\boldsymbol{C}\mid^{-\frac{1}{2}}\mathrm{e}^{-\frac{1}{2}(\boldsymbol{\xi}-\boldsymbol{\mu})^{\mathrm{T}}\boldsymbol{C}^{-1}(\boldsymbol{\xi}-\boldsymbol{\mu})}\frac{\partial\left[-\frac{1}{2}(\boldsymbol{\xi}-\boldsymbol{\mu})^{\mathrm{T}}\boldsymbol{C}^{-1}(\boldsymbol{\xi}-\boldsymbol{\mu})\right]}{\partial\mu_i}\\&=N(\boldsymbol{\xi}\mid\boldsymbol{\mu},\boldsymbol{C})\left[\sum_{k=1}^{d}(\xi_k-\mu_k)l_{i,k}\right]\end{aligned} \tag{A.23}$$

式中，$l_{i,k}$ 为 $\boldsymbol{C}^{-1}$ 中第 i 列的第 k 个元素。

类似地，可以通过推导得到 $\nabla_{\xi_i}N(\boldsymbol{\xi}\mid\boldsymbol{\mu},\boldsymbol{C})=-N(\boldsymbol{\xi}\mid\boldsymbol{\mu},\boldsymbol{C})\left[\sum_{k=1}^{d}(\xi_k-\mu_k)l_{i,k}\right]$，所以有

$$\nabla_{\mu_i}N(\boldsymbol{\xi}\mid\boldsymbol{\mu},\boldsymbol{C})=-\nabla_{\xi_i}N(\boldsymbol{\xi}\mid\boldsymbol{\mu},\boldsymbol{C}) \tag{A.24}$$

其次，我们得到了高斯分布关于其协方差矩阵元素的导数的关系

P. 158

$$\nabla_{c_{i,j}} N(\boldsymbol{\xi} \mid \boldsymbol{\mu}, \boldsymbol{C}) = \frac{\partial\left[(2\pi)^{-\frac{d}{2}} \mid \boldsymbol{C} \mid^{-\frac{1}{2}} \mathrm{e}^{-\frac{1}{2}(\boldsymbol{\xi}-\boldsymbol{\mu})^{\mathrm{T}} \boldsymbol{C}^{-1}(\boldsymbol{\xi}-\boldsymbol{\mu})}\right]}{\partial c_{i,j}}$$

$$= (2\pi)^{-\frac{d}{2}} \mid \boldsymbol{C} \mid^{-\frac{1}{2}} \mathrm{e}^{-\frac{1}{2}(\boldsymbol{\xi}-\boldsymbol{\mu})^{\mathrm{T}} \boldsymbol{C}^{-1}(\boldsymbol{\xi}-\boldsymbol{\mu})} \frac{\partial\left[-\frac{1}{2}(\boldsymbol{\xi}-\boldsymbol{\mu})^{\mathrm{T}} \boldsymbol{C}^{-1}(\boldsymbol{\xi}-\boldsymbol{\mu})\right]}{\partial c_{i,j}} +$$

$$(2\pi)^{-\frac{d}{2}} \mathrm{e}^{-\frac{1}{2}(\boldsymbol{\xi}-\boldsymbol{\mu})^{\mathrm{T}} \boldsymbol{C}^{-1}(\boldsymbol{\xi}-\boldsymbol{\mu})} \frac{\partial \mid \boldsymbol{C} \mid^{-\frac{1}{2}}}{\partial c_{i,j}}$$

$$= N(\boldsymbol{\xi} \mid \boldsymbol{\mu}, \boldsymbol{C})\left[\frac{1}{2}(\boldsymbol{\xi}-\boldsymbol{\mu})^{\mathrm{T}} \boldsymbol{C}^{-1} \frac{\partial \boldsymbol{C}}{\partial c_{i,j}} \boldsymbol{C}^{-1}(\boldsymbol{\xi}-\boldsymbol{\mu})\right]+$$

$$(2\pi)^{-\frac{d}{2}} \mathrm{e}^{-\frac{1}{2}(\boldsymbol{\xi}-\boldsymbol{\mu})^{\mathrm{T}} \boldsymbol{C}^{-1}(\boldsymbol{\xi}-\boldsymbol{\mu})}\left[-\frac{1}{2} \mid \boldsymbol{C} \mid^{-\frac{3}{2}} \mid \boldsymbol{C} \mid \operatorname{tr}\left(\boldsymbol{C}^{-1} \frac{\partial \boldsymbol{C}}{\partial c_{i,j}}\right)\right]$$

$$= -\frac{1}{2} N(\boldsymbol{\xi} \mid \boldsymbol{\mu}, \boldsymbol{C})\left\{-\sum_{k_1=1}^{d}\left[(\xi_{k_1}-\mu_{k_1}) l_{i,k_1} \sum_{k_2=1}^{d}(\xi_{k_2}-\mu_{k_2}) l_{j,k_2}\right]+l_{i,j}\right\} \tag{A.25}$$

现在，求$\nabla_{\xi_i} N(\boldsymbol{\xi} \mid \boldsymbol{\mu}, \boldsymbol{C})$关于$\xi_j$的导数，可得

$$\nabla_{\xi_i,\xi_j} N(\boldsymbol{\xi} \mid \boldsymbol{\mu}, \boldsymbol{C}) = -\frac{\partial N(\boldsymbol{\xi} \mid \boldsymbol{\mu}, \boldsymbol{C})}{\partial \xi_i}\left[\sum_{k=1}^{d}(\xi_k-\mu_k) l_{i,k}\right]-N(\boldsymbol{\xi} \mid \boldsymbol{\mu}, \boldsymbol{C}) l_{i,j}$$

$$= -N(\boldsymbol{\xi} \mid \boldsymbol{\mu}, \boldsymbol{C})\left\{l_{i,j}-\left[\sum_{k=1}^{d}(\xi_k-\mu_k) l_{i,k}\right] \cdot \left[\sum_{k=1}^{d}(\xi_k-\mu_k) l_{j,k}\right]\right\} \tag{A.26}$$

这意味着

$$\nabla_{c_{i,j}} N(\boldsymbol{\xi} \mid \boldsymbol{\mu}, \boldsymbol{C}) = \frac{1}{2} \nabla_{\xi_i,\xi_j} N(\boldsymbol{\xi} \mid \boldsymbol{\mu}, \boldsymbol{C}) \tag{A.27}$$

定理 A.1（Bonnet 定理）　设 $f(\boldsymbol{\xi}): \mathbb{R}^d \rightarrow \mathbb{R}$是一个可积的且二次可微的函数。若 $f(\boldsymbol{\xi})$的均值 $\boldsymbol{\mu}$ 符合高斯分布 $N(\boldsymbol{\xi} \mid \boldsymbol{\mu}, \boldsymbol{C})$，则 $f(\boldsymbol{\xi})$的期望关于均值 $\boldsymbol{\mu}$ 的梯度可以表示为其梯度的期望，即

$$\nabla_{\mu_i} E_{N(\boldsymbol{\mu}, \boldsymbol{C})}[f(\boldsymbol{\xi})] = E_{N(\boldsymbol{\mu}, \boldsymbol{C})}[\nabla_{\xi_i} f(\boldsymbol{\xi})] \tag{A.28}$$

证明：

P. 159

$$
\begin{aligned}
\nabla_{\mu_i} E_{N(\boldsymbol{\mu},\boldsymbol{C})}[f(\boldsymbol{\xi})] &= \int \nabla_{\mu_i} N(\boldsymbol{\xi} \mid \boldsymbol{\mu},\boldsymbol{C}) f(\boldsymbol{\xi}) \mathrm{d}\boldsymbol{\xi} \\
&= -\int \nabla_{\mu_i} N(\boldsymbol{\xi} \mid \boldsymbol{\mu},\boldsymbol{C}) f(\boldsymbol{\xi}) \mathrm{d}\boldsymbol{\xi} \\
&= -\int \nabla_{\xi_i} (N(\boldsymbol{\xi} \mid \boldsymbol{\mu},\boldsymbol{C}) f(\boldsymbol{\xi})) \mathrm{d}\boldsymbol{\xi} + \int N(\boldsymbol{\xi} \mid \boldsymbol{\mu},\boldsymbol{C}) \nabla_{\xi_i} f(\boldsymbol{\xi}) \mathrm{d}\boldsymbol{\xi} \\
&= -\int_{\xi_1} \cdots \int_{\xi_n} \underbrace{\int_{\xi_i} \nabla_{\xi_i} (N(\boldsymbol{\xi} \mid \boldsymbol{\mu},\boldsymbol{C}) f(\boldsymbol{\xi})) \mathrm{d}\xi_i}_{=[N(\boldsymbol{\xi} \mid \boldsymbol{\mu},\boldsymbol{C}) f(\boldsymbol{\xi})]_{\xi_i=-\infty}^{\xi_i=+\infty}} \mathrm{d}\xi_n \cdots \mathrm{d}\xi_1 + \\
&\quad \int N(\boldsymbol{\xi} \mid \boldsymbol{\mu},\boldsymbol{C}) \nabla_{\xi_i} f(\boldsymbol{\xi}) \mathrm{d}\boldsymbol{\xi} \\
&= \left[\int N(\boldsymbol{\xi} \mid \boldsymbol{\mu},\boldsymbol{C}) f(\boldsymbol{\xi}) \mathrm{d}\boldsymbol{\xi}_{-i}\right]_{\xi_i=-\infty}^{\xi_i=+\infty} + E_{N(\boldsymbol{\mu},\boldsymbol{C})}[\nabla_{\xi_i} f(\boldsymbol{\xi})] \\
&= E_{N(\boldsymbol{\mu},\boldsymbol{C})}[\nabla_{\xi_i} f(\boldsymbol{\xi})]
\end{aligned}
\tag{A.29}
$$

从步骤 1 到步骤 2 的推导应用了恒等式(A.24),而从步骤 2 到步骤 3 则应用了乘积法则。从步骤 3 到步骤 4,我们重写了第一项。在最后一步,由于第一项等于零,因此将它消去。

定理 A.2(Price 定理) 在与 Bonnet 定理相同的假设条件下,若 $f(\boldsymbol{\xi})$的协方差 $\boldsymbol{C}$ 符合高斯分布 $N(\boldsymbol{\xi} \mid \boldsymbol{0},\boldsymbol{C})$,则 $f(\boldsymbol{\xi})$的期望关于协方差矩阵 $\boldsymbol{C}$ 的梯度可以表示为其海塞矩阵的期望,即

$$
\nabla_{C_{i,j}} E_{N(\boldsymbol{0},\boldsymbol{C})}[f(\boldsymbol{\xi})] = \frac{1}{2} E_{N(\boldsymbol{0},\boldsymbol{C})}[\nabla_{\xi_i,\xi_j} f(\boldsymbol{\xi})] \tag{A.30}
$$

证明:

$$
\begin{aligned}
\nabla_{C_{i,j}} E[N(\boldsymbol{0},\boldsymbol{C})][f(\boldsymbol{\xi})] &= \int \nabla_{C_{i,j}} N(\boldsymbol{\xi} \mid \boldsymbol{0},\boldsymbol{C}) f(\boldsymbol{\xi}) \mathrm{d}\boldsymbol{\xi} \\
&= \frac{1}{2} \int \nabla_{\xi_i,\xi_j} N(\boldsymbol{\xi} \mid \boldsymbol{0},\boldsymbol{C}) f(\boldsymbol{\xi}) \mathrm{d}\boldsymbol{\xi} \\
&= \frac{1}{2} \int N(\boldsymbol{\xi} \mid \boldsymbol{0},\boldsymbol{C}) \nabla_{\xi_i,\xi_j} f(\boldsymbol{\xi}) \mathrm{d}\boldsymbol{\xi} \\
&= \frac{1}{2} E_{N(\boldsymbol{0},\boldsymbol{C})}[\nabla_{\xi_i,\xi_j} f(\boldsymbol{\xi})]
\end{aligned}
\tag{A.31}
$$

从步骤 1 到步骤 2 的推导应用了恒等式(A.27),而从步骤 2 到步骤 3 则两次应用了乘积法则来求积分。

A.6 学生 t 分布

下文将详细推导一个在本书中多次应用的重要结论。假设存在从均值为零且精度为 λ 的正态分布中随机抽样的 ω，则有 P. 160

$$p(\omega \mid \lambda)=\left(\frac{\lambda}{2\pi}\right)^{\frac{1}{2}}\exp\left(-\lambda\frac{\omega^{2}}{2}\right) \tag{A.32}$$

同时假设 λ 是一个从参数为 α_0 和 β_0 的伽马分布中取得的抽样：

$$p(\lambda;\beta_0,\alpha_0)=\frac{\beta_0^{\alpha_0}}{\Gamma(\alpha_0)}\lambda^{\alpha_0-1}\exp(-\lambda\beta_0) \tag{A.33}$$

我们可以忽略 ω 的分布，使其只依赖于 α_0 和 β_0，由此可得

$$\begin{aligned}
p(\omega \mid \beta_0,\alpha_0) &= \int_0^{\infty} p(\omega \mid \lambda)p(\lambda;\beta_0,\alpha_0)\mathrm{d}\lambda \\
&= \int_0^{\infty}\left[\frac{\beta_0{}^{\alpha_0}}{\Gamma(\alpha_0)}\lambda^{\alpha_0-1}\exp(-\lambda\beta_0)\right]\left[\left(\frac{\lambda}{2\pi}\right)^{\frac{1}{2}}\exp\left(-\lambda\frac{\omega^{2}}{2}\right)\right]\mathrm{d}\lambda \\
&= (2\pi)^{-\frac{1}{2}}\frac{\beta_0{}^{\alpha_0}}{\Gamma(\alpha_0)}\int_0^{\infty}\lambda^{\left(\alpha_0+\frac{1}{2}\right)-1}\exp\left[-\lambda\left(\beta_0+\frac{\omega^{2}}{2}\right)\right]\mathrm{d}\lambda \\
&= (2\pi)^{-\frac{1}{2}}\frac{\Gamma\left(\alpha_0+\frac{1}{2}\right)}{\Gamma(\alpha_0)}\beta_0^{\alpha_0}\left(\beta_0+\frac{\omega^{2}}{2}\right)^{-\left(\alpha_0+\frac{1}{2}\right)}\times \\
&\quad \int_0^{\infty} Ga\left(\lambda \mid \alpha_0+\frac{1}{2},\beta_0+\frac{\omega^{2}}{2}\right)\mathrm{d}\lambda \\
&= (2\pi)^{-\frac{1}{2}}\frac{\Gamma\left(\alpha_0+\frac{1}{2}\right)}{\Gamma(\alpha_0)}\beta_0^{\alpha_0}\left(\beta_0+\frac{\omega^{2}}{2}\right)^{-\left(\alpha_0+\frac{1}{2}\right)} \\
&= \frac{\Gamma\left(\alpha_0+\frac{1}{2}\right)}{\Gamma(\alpha_0)}(2\pi\beta\lambda)^{-\frac{1}{2}}\left(1+\frac{\omega^{2}}{2\beta_0}\right)^{-\left(\alpha_0+\frac{1}{2}\right)}
\end{aligned} \tag{A.34}$$

比较式(A.34)与下式中 t 分布的位置-尺度族(由逆尺度参数 λ 来参数化)，可得

$$\mathcal{T}_v(x \mid \mu,\lambda)=\frac{\Gamma\left(\frac{v+1}{2}\right)}{\Gamma\left(\frac{v}{2}\right)}\left(\frac{\lambda}{\pi v}\right)^{\frac{1}{2}}\left[1+\frac{\lambda(x-\mu)^{2}}{v}\right]^{-\frac{v+1}{2}} \tag{A.35}$$

P. 161

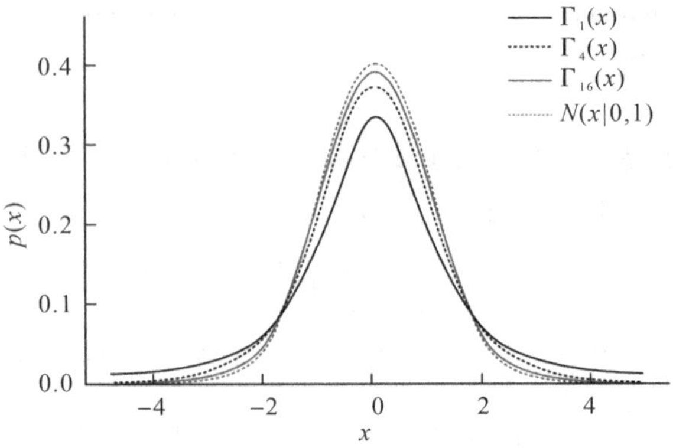

图 F.1　不同 v 值下 t 分布 $\mathcal{T}_v(x)$ 的概率密度函数

如图 F.1 所示，v 值越大，该分布就越接近（在 KL 散度意义上）高斯分布。所有 $\mathcal{T}_v(x)$ 的位置参数 μ 和逆缩放参数 λ（见式（A.35）分别等于 0 和 1，其期望 $E[X]=\mu$，方差 $\mathrm{Var}(X)=\frac{1}{\lambda}\frac{v}{v-2}$。可以看出，$p(\omega\mid\beta_{\lambda,0},\alpha_{\lambda,0})$ 实际上是一个服从 $\mathcal{T}_{2\alpha_{\lambda,0}}\left(\omega\mid 0,\frac{\alpha_{\lambda,0}}{\beta_{\lambda,0}}\right)$ 的学生 t 分布。

参考文献

[1] Graves A. Practical variational inference for neural networks[C]//. In: Advances in neural information processing systems. Granada, Spain, 2011, 2348 - 2356.

[2] Khan M, Nielsen D, Tangkaratt V, et al. Fast and scalable Bayesian deep learning by weight-perturbation in Adam[C]//. In: Proceedings of the international conference on machine learning, Stockholm, Sweden, 2018, 80: 2611 - 2620.

[3] Williams R. Simple statistical gradient-following algorithms for connectionist reinforcement learning[J]. Machine Learning, 1992, 8(3): 229 - 256.

[4] Price R. A useful theorem for nonlinear devices having Gaussian inputs[J]. Trans Inf Theory, 1958, 4(2): 69 - 72.

[5] Kingma D, Welling M. Auto-encoding variational Bayes[C]//. In: Proceedings of the international conference on learning representations. Banff,

Canada, 2014.

[6]Bottou L, Curtis F, Nocedal J. Optimization methods for large-scale machine learning[J]. SIAM Review, 2018, 60(2):223 - 311. https://doi.org/10.1137/16M1080173.

[7]Pascanu R, Bengio Y. Revisiting natural gradient for deep networks[C]//. In: Proceedings of the international conference on learning representations. Banff, Canada, 2014.

[8]Amari S. Natural gradient works efficiently in learning[J]. Neural Computation, 1998, 10(2):251 - 276.

缩略语

A

assumed density filtering(ADF),假定密度滤波

automatic differentiation variational inference(ADVI),自动微分变分推断

autoencoding variational Bayes(AEVB),自编码变分贝叶斯

B

Bayes by backprop(BBB),反向传播贝叶斯

black box variational inference(BBVI),黑盒变分推断

black box α minimization(BB-α),黑盒 α 最小化

Bayesian neural network(BNN),贝叶斯神经网络

Bayesian optimization(BO),贝叶斯最优化

C

coordinate ascent variational inference(CAVI),坐标上升变分推断

cumulative distribution function(CDF),累积分布函数

conditional VAE(CVAE),条件变分自编码器

D

deep learning(DL),深度学习

deep neural network(DNN),深度神经网络

directed acyclic graph(DAG),有向无环图

E

evidence lower bound(ELBO),证据下界

expectation propagation(EP),期望传播

expectation-maximization(EM),最大期望值法

G

Gaussian mixture model(GMM),高斯混合模型

generalized Gauss-Newton(GGN),广义高斯-牛顿

graphical processing unit(GPU),图形处理单元

I

independent and identically distributed(iid),独立同分布

importance sampling(IS),重要性抽样
importance weighted autoencoder(IWAE),重要性加权自编码器

K

Kullback-Leibler divergence(KL),库尔贝克-莱布勒散度(KL 散度)

M

maximum a posteriori(MAP),最大后验
model-based machine learning(MBML),基于模型的机器学习
Monte Carlo(MC),蒙特卡罗
Monte Carlo dropout(MCDO),蒙特卡罗丢弃
Markov chain Monte Carlo(MCMC),马尔可夫链蒙特卡罗
mean-field VI(MFVI),平均场变分推断
machine learning(ML),机器学习
maximum likelihood estimator(MLE),最大似然估计

N

neural network(NN),神经网络

P

probabilistic back propagation(PBP),概率反向传播
principal component analysis(PCA),主成分分析
probability density function(PDF),概率密度函数
probabilistic graphical model(PGM),概率图模型

R

rectified linear unit(ReLU),整流线性单元
root mean squared error(RMSE),均方根误差
stochastic VI(SVI),随机变分推断

U

uniform manifold approximation and projection(UMAP),统一流形近似与投影

V

variational adam(Vadam),变分自适应矩估计
variational autoencoder(VAE),变分自编码器
variational inference(VI),变分推断
variational Bayes(VB),变分贝叶斯
variational Bayesian inference(VBI),变分贝叶斯推断

索 引[1]

C

D

E

F

G

I

K

L

M

彩色插图

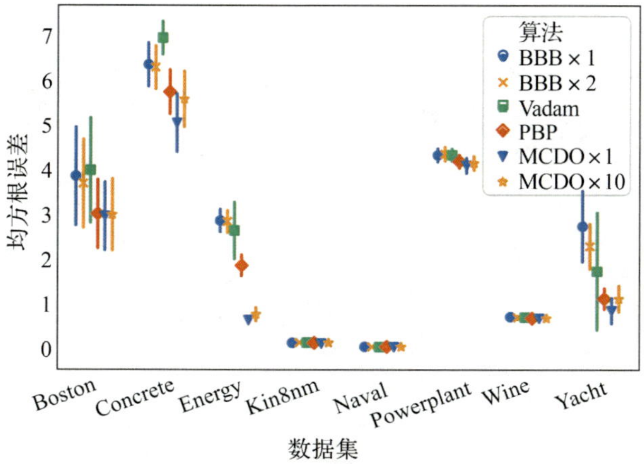

彩图 1　重绘自图 4.16

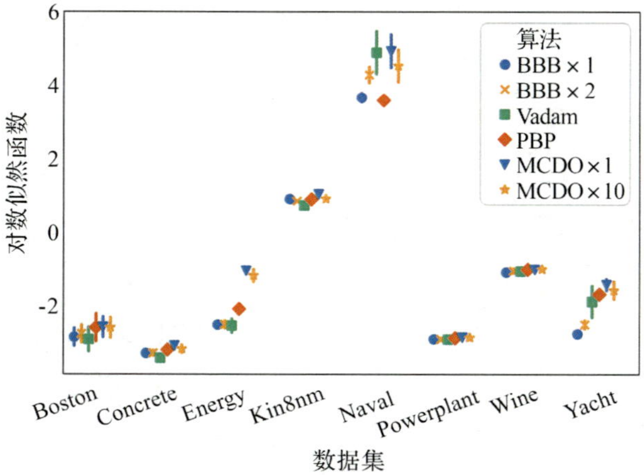

彩图 2　重绘自图 4.17

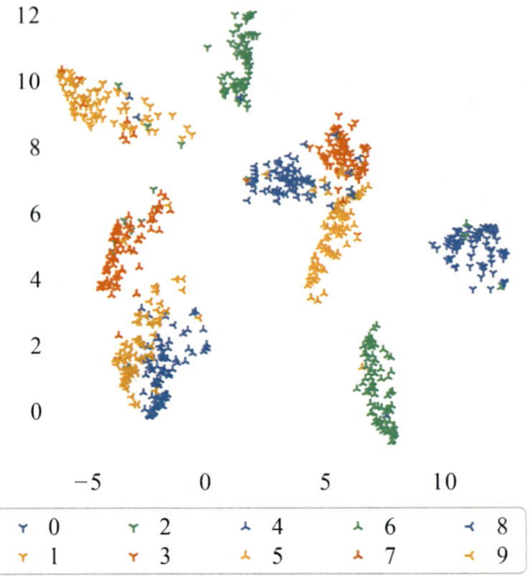

彩图 3　重绘自图 5.6

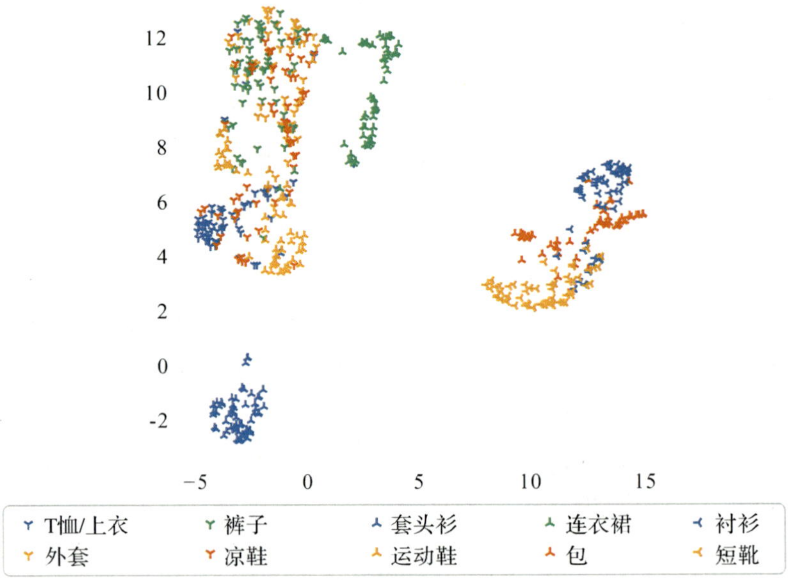

彩图 4　重绘自图 5.8

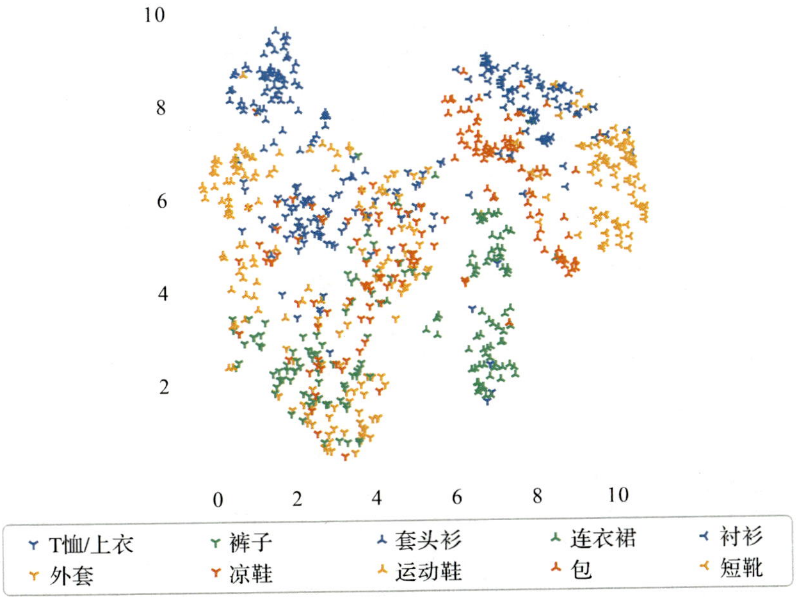

彩图5 重绘自图5.12